“十三五”普通高等教育本科部委级规划教材

中外服装史

HISTORY OF CHINESE AND FOREIGN CLOTHING

吴妍妍 | 编著

中国纺织出版社有限公司 | 国家一级出版社
全国百佳图书出版单位

内 容 提 要

本书为“十三五”普通高等教育本科部委级规划教材。

本书从适应服装设计专业教学发展趋势的目的出发，以时间为线索，阐述了中西方服装史的演进过程，从不同视角用不同方法介绍服饰发展和变化的规律。脉络清晰、图文并茂，为有效地引导学生挖掘和深化服装设计的灵感，进行了建设性的尝试与梳理。

本书既可作为高等院校服装专业课程教材，亦可作为服装行业领域参考用书。

图书在版编目（CIP）数据

中外服装史 / 吴妍妍编著. -- 北京：中国纺织出版社有限公司，2020.3（2021.11 重印）
“十三五”普通高等教育本科部委级规划教材
ISBN 978-7-5180-6539-4

Ⅰ.①中… Ⅱ.①吴… Ⅲ.①服装—历史—世界—高等学校—教材 Ⅳ.① TS941-091

中国版本图书馆 CIP 数据核字（2019）第 179468 号

策划编辑：魏　萌　　　　责任编辑：杨　勇
责任校对：寇晨晨　　　　责任印制：王艳丽

中国纺织出版社有限公司出版发行
地址：北京市朝阳区百子湾东里 A407 号楼　邮政编码：100124
销售电话：010—67004422　传真：010—87155801
http://www.c-textilep.com
中国纺织出版社天猫旗舰店
官方微博 http://weibo.com/2119887771
唐山玺诚印务有限公司印刷　　各地新华书店经销
2020 年 3 月第 1 版　2021年11月第3次印刷
开本：787 × 1092　1/16　印张：10.5　插页：1
字数：138 千字　定价：58.00 元

前言

没有哪一种记载不是源于偶然，也没有哪一种形成不是源于必然。历史是一面镜子，能够使我们从中回顾人类的成长。

了解服装便是一个契机，能够使我们从中发现人类的自觉。服装宛如一个会讲故事的精灵，向我们叙述着人类的欲望与进取，承载着文化的变迁。服装也是一种思想，服装史的演进同样是一个人类关于着装的思考过程。服饰演变过程的历史，既承载着人类文明的发展与进步，同样是一部完整的服装与服饰设计史，折射出人类欲求通往理想彼岸的智慧。中西方服饰发展变革的缘起与变迁、不同历史时期的服饰文化特征都涵盖和折射出了各自不同时代的政治、宗教、经济以及人文发展的程度。

中西方不同的社会性质、演进历程以及由此形成的审美意识形态，决定了中西方服饰文化的两种不同发展途径。西方的服饰发展在中世纪前更多地受到宗教文化的影响和禁锢，通过着装体现人体美与宗教束缚的冲突一直伴随着服装的发展。直至文艺复兴时期，“人文主义”思想为西方传统的着衣观念注入了新的活力，影响着西方的服饰观念乃至服饰结构朝着注重塑造人体美的三维立体化方向发展。工业革命后，新阶层的进一步划分，不同的生活方式的兴起，都直接影响着西方的着装意识开始朝着重视实用以及功能性方向转变。中国服饰文化的形成，经历了与西方服饰文化的发展脉络迥然不同的过程，其形成过程始终受到中国传统意识形态的影响。中国经历了几千年的封建社会制度，服饰更注重政治权威性和中国哲学意识的表达。以儒家学说为代表的封建思想对服饰文化的发展产生着根深蒂固的影响，二维结构的服饰观念一直贯穿了中国服饰发展的历史。直至民国时期，传统的服装观念受到西方文化的影响，开始有所变化。

20世纪以来，世界性的文化交融也影响到服饰文化的变化，西方的服装理念逐渐影响了整个世界的服装潮流。这同样也是一个中西方服饰文化空前交融的时期。随着中国改革开放的不断深入，中国的时尚行业也赢得了迅速的发展，逐渐与世界接轨。在20～21世纪的中国乃至世界的时尚舞台上涌现出了一批杰出的华人时装设计师，中西方服装文化的发展呈现出现相互融合、相互包容的蓬勃面貌。

本书的编写基于本人近些年来对于中西方服装史的研修以及任教过程的总结。将中西方服装史的演进过程融合在一本书中，旨在方便学生能够从更宽更广的视角认识和了解中西方不同的服装发展进程。为了将中西方服装史发展的不同脉络更清晰地展现出来，附录引入“服饰文化演进对应一览表”，比对性地按照时间节点加入典型服饰的图片，将中西方服饰完整的发展进程图文并茂地呈现出来，可以使学生简单、清晰地了解中西方服装发展的整体概况和各时期的典型服饰风格。本书基于适应服装设计专业教学发展趋势的目的，探讨从不同角度，用不同方法介绍、诠释服饰发展和变化的规律。为更好地了解服饰文化的演变，更有效地引导学生挖掘和深化服装设计的灵感，进行了建设性的尝试与梳理。

编著者

2019年8月

教学内容及课时安排

章/课时	课程性质/课时	节	课程内容
第一章/12	基础理论/64	·	**古代服饰**
		一	西方古代服饰
		二	中国古代服饰
第二章/12		·	**中古服饰**
		一	西方中古服饰
		二	中国中古服饰
第三章/12		·	**近世服饰**
		一	西方近世服饰
		二	中国近世服饰
第四章/12		·	**近代服饰**
		一	西方近代服饰
		二	中国近代服饰
第五章/16		·	**中西方交融的现代服饰**
		一	20世纪早期服饰
		二	20世纪中期服饰
		三	20世纪后期服饰

注　各院校可根据自身的教学特色和教学计划课程时数进行调整。

目录

第一章 古代服饰

第四章 近代服饰

第五章 中西方交融的现代服饰

第一章 古代服饰

课题内容： 1. 西方古代服饰

2. 中国古代服饰

课题时间： 12 课时

教学目的： 使学生了解中西方服饰的起源，掌握中西方各不同时期、不同地域的古代服饰的风格和特点。

教学方式： 理论讲授、多媒体课件播放。

教学要求： 1. 了解中西方不同的服饰起源原因和特征。

2. 了解中西方不同的社会、地理与人文背景。

3. 掌握早期中西方古代服饰不同的风格和特点。

探寻人类服饰历史的开端，必然要追溯人类的起源。无论中国还是西方都是将古老的神话传说作为对人类起源最初的解释。中西方对于人类的起源有各自的记载，但本质都是一样的，即“神创论”。西方圣经中记载上帝用六天创造了男人和女人（亚当和夏娃）。中国三国时期徐整著的《三五历记》中记载了盘古开天地的故事。东汉应劭著的《风俗通》中记述了女娲造人的过程。在中西方不同的文献中也都描述了人类出现后的一些早期服装形态以及简单的制作方式。

中西方古代的原始服装形态基本上都是从缠腰布向简单的二维结构式卷衣或体形衣方向转变的。例如，古埃及的罗印褶裥裙（Lion）和现在赤道附近热带原住民的一些服饰，就是在腰部周围用绳子或布缠绕进而对身体加以覆盖的腰部型服装。古希腊的希顿（Chiton）、希玛纯（Hiton）和古罗马的托加（Toga）以及印度传统服饰纱丽（Sari）则是用一块布从肩部向手臂悬挂并在腰部进行缠绕悬垂的卷衣型服装。丘尼克（Tunic）就是典型的贯头式的服装。中国早期的深衣属于前开式的缠绕式服装。

第一节　西方古代服饰

一、原始服饰的发祥期

西方原始服饰的发祥期，应该追溯到最早使用服饰装饰身体的尼安德特人。尼安德特人大致生活在公元前10万~公元前5万年，他们经历了第四冰河纪。为了御寒，他们开始用野兽的皮毛包裹身体，同时还用茶色或褐色改变身体的颜色。除此之外，在3万~4万年前，从奥瑞纳文化期到马格德林文化期，西方人已经开始穿着绳编式的衣服或围裙式的腰衣。据考证西方原始服装的材料从兽皮变成织物是在第四冰河纪末期逐渐形成的。由于地球变得越来越温暖，人类从游牧生活逐渐改成了定居式的农耕生活。最初，人类使用蔓草、柳、藤、桑、麻等植物的茎和皮制成非常细的丝状物来制作服装，最具代表性的就是亚麻。大约在公元前4500年，从埃及的开罗出发至尼罗河上游100km处的法尤姆遗址（法尤姆是阿拉伯语。法尤姆遗址位于埃及中北部，是法尤姆省的首府。该城建于约公元前4000年，是埃及以及非洲最古老的城市）中发现了亚麻植物。与麻类的材料不同，对于一些羊毛、棉类的短纤维材料，要想将其制成长纤维的服装材料就必须要对其进行一定的纺或织的处理，纺锤就由此被发明。在北美索不达米亚文明遗址中发现的纺锤车据考证大概出现在公元前5000年。有了基本的制作长纤维的技术，那么将经丝以垂直方向，纬丝以90°的方向与经丝成直角方向交错相织就形成了最早的织物。织物出现以后，人类就开始用这些织物设计和创造出各种各样的服装。两河流域的美索不达米亚文明是西方服饰文化的发祥地。随后由于气候、水土、社会以及宗教条件的不同，西方服饰呈现出了各种各样的形态与样式。

二、两河流域

两河流域文明也被称作美索不达米亚文明（Mesopotamia）。大概从公元前6000～公元前200年，是西方人类最早的文明。美索不达米亚文明是古希腊对两河流域的称谓，意为“两条河流之间的地方”。这两条河指的是幼发拉底河和底格里斯河。在两河之间的美索不达米亚平原上产生和发展的古文明称为两河文明或美索不达米亚文明。由于美索不达米亚地处平原而且周围缺少天然屏障，所以在几千年的历史中有多个民族在此经历了交汇、入侵、融合的过程。比如，苏美尔人、阿卡德人、阿摩利人、亚述人、埃兰人、喀西特人、胡里特人、迦勒底人等。

美索不达米亚地区的各个民族是受到幼发拉底河和底格里斯河流域肥沃土壤滋润的民族。美索不达米亚地区基本由沙漠、山峦和大海环绕而成，其西边是叙利亚沙漠，北部是土耳其的托罗斯山脉，东部是伊朗的扎格罗斯山脉，南边濒临波斯湾。幼发拉底河和底格里斯沿河两岸形成的冲积平原就是美索不达米亚平原。以今天的巴格达为界，可将美索不达米亚地区分为南北两部分，即北部的亚述和南部的巴比伦尼亚。划为亚述的北部地形为高地，自然资源和降雨相对丰富，在公元前1600年产生了名为亚述的军事帝国。而划为南方的巴比伦尼亚地形为低地，缺乏石头、木材、金属之类的材料。此地年降雨量不足200mm，当地人们使用灌溉进行农业生产，丰收的农产品使城市得以发展。此地区于公元前3500年左右形成了苏美尔文明。到了大约公元前2000年，苏美尔文明一度衰落，南方后来兴起的巴比伦继承了苏美尔的文明，并成为该地区的中心城市。因为美索不达米亚地区的地理特点，石材非常缺乏，因此现存的能在石雕上看到的服饰方面的资料远比古希腊时期的少得多。

美索不达米亚文明以发达的畜牧、农业著称。因此食品、服饰品、家畜等在当时都属于贵重财产，这些东西的所有权由男人为主的男权社会来掌握和控制。女性从属于男性的社会地位因而逐渐清晰，女人的容貌越来越成为体现女性价值的重要条件和标准。

美索不达米亚地区也是世界上最早出现毛织物的地区。公元前2000年左右，地中海诸国间的贸易交流也是从毛织物的买卖开始。随着贸易交流的发展，从埃及传入的麻、从印度传入的棉、从丝绸之路传入的中国丝绸，都丰富了欧洲的服饰材料。

（一）苏美尔服饰

苏美尔文明是目前发现于美索不达米亚文明中最早的文明，是西方早期产生的文明之一。

图1–1　苏美尔人的卡吾拉凯斯服饰（公元前2060年）

苏美尔文明主要位于美索不达米亚地区的南部（苏美尔文明的开端可以追溯至距今6000年前，在距今约4000年前结束）。苏美尔人服装的最大特点就是男女同制同形。卡吾拉凯斯（Kaunakes）是古代苏美尔人所穿的一种典型服装（图1–1）。当时，苏美尔人用一种被称为卡吾拉凯斯的衣料制成腰衣缠绕身体，缠一周或几周，由腰部垂下掩饰臀部。因此，这种服饰的名字就使用这种衣料的名字来命名，所以都称为卡吾拉凯斯。这种特殊的衣料今天已无实物可考，只能从考古出土的雕刻中分析它的大致服装结构。这种服饰上有非常明显的“流苏”式样的装饰。目前史学界对这种流苏样的装饰的分析存在分歧。有的观点认为这种流苏样的装饰是在毛织物或皮革的表面固定上呈束状的毛线；有的观点则认为这种流苏式样的装饰是一种类似于仿羊皮（毛）外观的布料；也有的观点认为那些流苏状的装饰就是羊皮上的毛。明显的穗状装饰就是苏美尔服饰显著的特征。这种带流苏的裹身圆式裙的款式也有所不同，有的下垂至小腿并在后背左侧相交，用几个扣结固定。另外，裙上的穗状垂片也长短不一，有的又宽又长，有的则很窄。这种服饰对后世时装中的“流苏式”装饰有一定影响。苏美尔的男子服装最常见的式样是腰布形式的服装。这种腰布式服装基本是用三角形织物绕身包缠，在腰间扎紧并在身体上形成参差不齐、错落相间的层次。这种缠腰布式样的服饰被称为罗印。而苏美尔时期的罗印大多使用特殊的卡吾拉凯斯衣料来制作。苏美尔的女子服饰也多用卡吾拉凯斯衣料来制作，款式基本与男性服饰大体相同，一般多为带袖的长款全身衣为主，面料多为亚麻和羊毛。这种女性服饰也可视作为一种裙装，名为“罗布”（Robe）。从苏萨出土的公元前4000年的亚麻碎布分析，当时的纺织水平甚至超过了现代技术。

（二）古巴比伦服饰

古巴比伦位于美索不达米亚平原，大致在当今的伊拉克共和国版图内。在距今约5000年前，这里的人们建立了国家，到公元前18世纪这里出现了古巴比伦王国。古巴比伦王国是四大文明古国之一。在这个平原上出现了西方世界上第一个城市，颁布了第一部法典，同时也出现了最早的史诗、神话、药典、农人历书等，是西方文明的摇篮。这就是古巴比伦文明。目前，在两河流域发现的最早的古文明距今已有6000多年。虽然古巴比伦文明现已消失，但其在很多方面的影响（尤其宗教方面）很多还流传至今。古巴比伦地区大致以今天的巴格达城为界，分为南北两部分。北部以古亚述城为中心，称为西里西亚，或简称亚述；南部以巴比伦城（今巴比伦省希拉市东北郊）为中心，称为巴比伦尼亚，意思为“巴比伦的国土”。

这个时期的男子服饰与苏美尔人的卡吾拉凯斯不同，古巴比伦人的服装是用一种边缘镶有装饰的长方形布来包裹缠绕身体。这种服饰的穿着方式是先将长方形的布在身体上缠绕包裹，再将布包裹住左肩并垂下，右肩则裸露在外面（图1–2）。这个时期的男子还经常使用头巾或一种镶有毛皮边缘的卷边帽子。女子的服饰则是穿着带有卡吾拉凯斯装饰的长袍，也是与男人一样几乎露出右肩的穿着方式。

在公元前1792年巴比伦尼亚成了古巴比伦第一王朝的首都。这个时期的男子服饰最常见的形式是将带有边缘装饰的卡吾拉凯斯呈螺旋状缠绕在身体上。另外，男子还经常用带有卡吾拉凯斯装饰的卷衣搭在肩膀上来使用，脖子上还经常用金属制的颈饰来加以装饰。女子的服饰在古巴比伦后期，基本上为身长较长的丘尼克和披肩。丘尼克的袖子非常合体，将胳膊肘部以上的部分完全包裹住，衣服的下摆上有卡吾拉凯斯装饰的荷叶边。上半身会使用非常大的披肩缠绕在腰上并用腰带固定。

（三）亚述服饰

亚述（Assyria）也是兴起于美索不达米亚地区的国家。公元前8世纪末，亚述逐步强大，先后征服了小亚细亚东部、叙利亚、腓尼基、巴勒斯坦、玛代王国、巴比伦尼亚、埃兰和古埃及等地。设都于尼尼微（今伊拉克摩苏尔附近）。亚述人在两河流域古代历史上频繁活动的时间约有2000年。后来亚述人失去了霸主地位，不再有独立的国家。在两河文明的几千年历史中，亚述可以说是历史延续最完整的国家。历史学家掌握有从公元前2000～公元前605年连续的亚述国王名单。虽然2000多年中，亚述有时强大，有时衰落或沦为他国的属地，但作为独立的国家或相对独立地区的亚述是一直存在的。直到大约公元前900年，亚述国家突然空前强大，成为不可一世的亚述帝国，然后于公元前605年最终灭亡。在文化方面主要沿袭了古巴比伦的文化特点，同时新王国时代受到古埃及文化的影响。亚述人服饰的最大特点就是细致而精美的边饰。其实这些服装的边饰最初的作用只是为了防止服装边缘破损，但是后来这些边饰却成了重要的装饰手段（图1–3）。亚述人非常重视和讲究这些服装上的边饰，因此就出现了各种不同方式和长度的装饰性边饰。由于亚述民族是北方民族，因此以带有合体袖子且长至脚踝的丘尼克，并且配以带有精美边饰卷衣的形式是亚述男子最常见的穿着方式。卷衣的样式和披裹方式因为时代的不同而有差异。从亚述·纳西尔·帕二世到萨尔贡二世时期，国王使用的卷衣，从左肩至腰部呈螺旋状的方式来披挂。亚述·纳西

图1-2 古巴比伦的卡吾拉凯斯

图1-3 亚述人服饰

尔·帕二世时期披肩的长度较短，披肩的披挂方式也非常多。亚述人的鞋子是一种类似于凉鞋的可以将脚跟覆盖住的鞋子。亚述人还有专门用来烫头发和胡须专用的烙铁（卷发器），他们有将头发或胡须烫成螺旋状作为装饰的习惯。亚述女子服饰的样式基本上与男子服饰一样，女子穿的丘尼克比男子穿的长度略长，有独特裁剪而且缠绕方式也非常精心。同时也搭配卷衣，佩戴很重的项圈、耳环、手镯，穿镶着宝石的绿色皮质鞋。

三、古希腊服饰

（一）爱琴文明服饰

爱琴文明是希腊及爱琴地区史前文明的总称，它曾被称为“迈锡尼文明”。克里特岛是爱琴文明的发源地。公元前3000年，克里特岛形成了特有的米诺斯文明（Minoan Civilization，即青铜器文化）。大约公元前1450年克里特岛被来自希腊本土的迈锡尼人所征服。后来历史上把克里特—迈锡尼文化现象称为“爱琴文明”。

克诺索斯王宫是克里特文明最伟大的建筑，王宫各处的壁画也是古代艺术的上乘之作，显示了克里特文明注重灵巧、秀逸的特色。与当时东方各国威严、沉重的艺术风格有着鲜明的区别。从这些壁画中可以帮助史学家研究克里特人当时的生活状态。在克里特文明的鼎盛时期，在克诺索斯王宫里甚至设有专门纺纱织布的专门场所，由此可以看出克里特人对服饰的重视。整个克里特文明的服饰带有轻松、开放的特点，构成了与其他古代文明截然不同的服饰风格。

克里特男子服装的主要款式是罗印，而克里特人的罗印一般会在下摆处装饰有各种花纹与图案，这种款式也是受到了古埃及服饰的影响。尤其国王的装束更为特殊，国王穿着的是一种类似围裙式样的罗印，这种罗印的长度正好将臀部遮盖住，并用白色的腰带在右腿的根部缠绕打结（图1–4）。这个时期男子的另一种代表服饰就是缠腰布。此类服饰一般选用类似亚麻等质地布料做成，也用硬挺的类似羊毛、皮革之类的材料来制作，因此缠腰布的样式取决于所选的材料质地。服装上饰以蔷薇花和螺旋状等图案，突出了典型的男性腰身。这个时期无论男女，腰都被人为地勒细，细腰是这个时期人体美的重要标志。

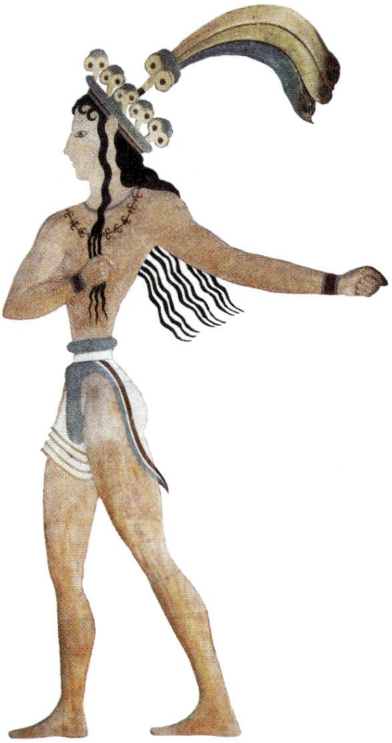
图1–4　克里特岛出土壁画，画中男子穿着罗印

克里特女子的服饰是非常具有现代感的，甚至有的观点认为“剪裁”这一概念正是起源于远古的克里特。从现存的一些克里特壁画和石雕中可以看到克里特人的服饰无论从服装结构还是裁剪的角度，其完成度在当时来说都是非常高。最具代表性的就是“蛇女神像”中呈现出来的女子服饰的形象（图1–5）。女子服饰的上半身基本为皮制的合体上衣。这种上衣的款式是将胸部完全暴露在外面，而在腰部到臀部上方用绳子穿过服装预留孔的方式将腰部束紧。女子服饰的下半身基本为“钟形”裙，这种裙子整个造型呈钟形或塔形。臀部的造型微微蓬起，从臀部至脚踝逐渐形成了下摆宽大的吊钟形“塔裙”。这种原始服装的下摆一般是有多层荷叶花边修饰的裙子。一般用灯芯草、木头或金属做成箍并一个个串在一起，将裙摆撑开，有的史学家认为这就是之后裙撑的雏形。从一些壁画中也可以看到当时女子服饰的特点，就是贴身的胸衣紧紧束在裸露的胸部下方，衣

图1–5　蛇女神像（公元前1600年左右出土雕像）

袖长度到肘关节，样式可以是紧贴手臂的也可以是蓬松的，甚至带有上宽下窄的“羊腿袖”。有些女子服饰的衣袖用丝带绑住，在后颈处打结或用肩带固定。有时圆锥形的裙子也会选用质地较硬的布料来制作，外面再镶上一层层的荷叶边，并装饰着图案，色彩艳丽，裙摆外还用一条浆过的围裙包裹着。

想要完成这样造型的服装，需要相当高超的裁剪技术。克里特的女子服饰在整个西方服饰发展史中是非常独特的一种服饰现象。这个时期的服饰造型与数千后人们创造的服装外形在形式上有着很多相似之处。克里特文明虽然属于爱琴文明，与古希腊文明属于同一个时代，但是其服装样式与古埃及、古希腊、古罗马的宽松且基本以缠绕式为主的款式有很大的差异，带有强调紧身、合体的服饰特点。这样的服装外形在古代服饰中是极为特殊和罕见的，它不但最终促成了希腊服饰的发展，还对黑海沿岸、地中海东部甚至小亚细亚的服饰发展也产生了深远的影响。

（二）古代希腊服饰

古代希腊作为一个文明古国，曾经在科技、数学、医学、哲学、文学、戏剧、雕塑、绘画、建筑等方面做出巨大的贡献，成为后代西方文明发展的源头。爱琴海是古希腊文明的摇篮。古希腊文明首先在克里特岛获得发展。公元前10～公元前9世纪古希腊还处在多个小国分立而治的混乱状态中，大约在公元前1200年，多利安人的入侵毁灭了迈锡尼文明，古希腊历史进入所谓“黑暗时代”。从公元前8世纪中期开始，古希腊的市民主权逐渐扩大，一些施行新制度的城市开始增多，如雅典、斯巴达、科林斯等。这些新兴的城市是古希腊文明发展的起点。居住于斯巴达的主要是多利安人，居住于雅典的主要是爱奥尼亚人，这两个民族作为古希腊最具代表性的民族，在建筑、美术、服饰等不同的领域为后世创造了两种不同的文化样式。无论在建筑还是服饰文化方面，多利安式样庄重、简朴代表了男性特质，爱奥尼亚式样纤细、优雅代表了女性特质（图1–6）。

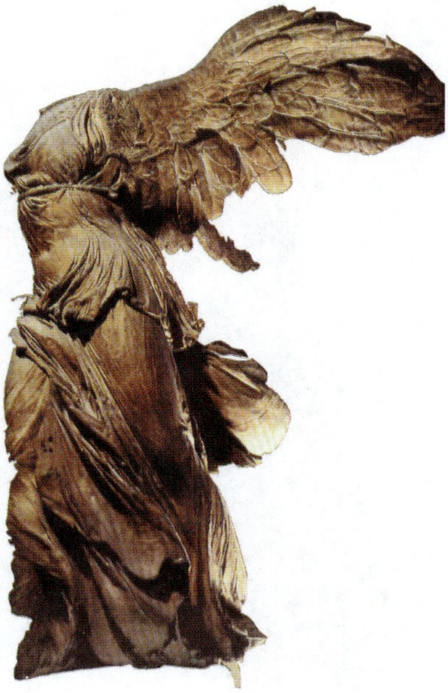
图1–6 胜利女神雕像（公元前190年左右大理石雕像）

古希腊人穿着非常简单、质朴，大多数服装都是由一块长方形的布通过缠绕和披挂的形式来完成。不同的服装主要是穿着方式的不同，而对于面料本身则几乎没有过多的剪裁和缝纫。根据古希腊文明的时代变迁，古希腊的服装大体有四种形式，即克里特米诺时期样式、迈锡尼时期样式、创始时期样式、古典时期样式。克里特米诺式就是克里特服装的裁剪方式。迈锡尼时期样式则受到克里特服饰的影响，但更趋于质朴，如腰带、衣边等服饰用料更偏爱皮革甚至金属。创始时期样式是在女子束身上衣和披肩的剪裁原理的基础上展开，采用一种特别的方法来塑造人体。古典时期样式则面料质地更加柔软，穿着方式进一步完善，衣服和身体更加自然地结合在一起。制作服装时开始采用极少量的裁剪和缝纫技术。穿着艺术备受重视。当时人们心中最完美的服装是精致得让人难以区分哪里是衣服哪里是身体。

1. 希顿

“希顿”（Chiton）是古希腊服饰中最具代表性的款式。就是用一块长方形的布将身体包裹住并在肩部固定，腰部用绳子束紧的服装样式。希顿基本上分为两种，一种称为多利安式希顿（Doric Chiton），另一种称为爱奥尼亚式希顿（Ionic Chiton）。这两种希顿在用料与穿着方法上都有所不同。

多利安式希顿也称为佩普洛斯（Peplos），是男女皆穿的服装，最初衣料为长方形的白色毛织物。多利安式希顿的用布尺寸为长边是两臂伸直后两肘间距离的2倍（约180cm），短边则是从领口到脚踝的长度加上从领口到腰围线的长度。穿着方法是先将长方形面料的一条长边向外折，折下来的长度是颈部到腰际线的长度，然后围着身体将长方形的短边对折，在两肩分别用长10cm左右的别针固定。多利安式希顿常用毛织物，所以衣褶比较厚重、粗犷，凸显男性特征，同时用别针分别在双肩固定两点。多利安式的侧缝一般不缝合，且款式上没有袖子（图1–7、图1–8）。

爱奥尼亚式希顿是公元前6世纪左右住在雅典的女性开始穿着的，面料以薄麻或带有

图1–7　多利安式希顿（公元前470年出土浮雕）

图1–8　希顿服饰复原

普利兹褶的丝麻织物为主（图1–9）。随着爱奥尼亚式希顿的流行，多利安人也开始穿着爱奥尼亚式希顿。与多利安式希顿一样，爱奥尼亚式希顿也是由一块白色的长方形布料制作而成，但在布料尺寸和穿着方式上略有不同。衣料尺寸为长边是两臂伸直后两腕间距离的2倍，短边是领口到脚踝的距离加上上提部分的用料量。穿法是先将两个短边对折，侧缝除留出伸出手臂的位置全部缝合，从肩到两臂分别用8～10个安全别针分别固定，在腰部束带并折出褶量。之所以使用安全别针是因为最初多利安式希顿是用普通别针来固定的，但当人们发生争执时，这些别针就成了斗殴的工具，所以后来爱奥尼亚式希顿就使用安全别针来固定（图1–10）。也因此多利安式希顿后来逐渐被爱奥尼亚式希顿所取代。爱奥尼亚式希顿由于使用麻织物所以衣褶细且多，凸显女性优雅的特征。爱奥尼亚式希顿侧边是缝合的，且结构上有袖子。

2. 希玛纯

古希腊人无论男女经常在希顿外面穿着一种名为希玛纯（Himation）的外套。希玛纯一般是由一块长2.9m、宽1.8m的长方形厚毛织物做成（图1–11）。色彩以白色居多，在长方形面料边缘经常装饰有深红色或青色系的刺绣装饰图案。希玛纯很像现在的斗篷或披肩，穿着方式是直接将其缠绕、披挂在身上并在肩部固定。在天气恶劣或者葬礼时人们会用希玛纯盖住头部或将头部包裹起来。而当时的学者、哲学家、武人则不穿希顿而直接穿着希玛纯，以彰显其推崇的禁欲精神。

古希腊女性还经常披挂一种类似希玛纯的斗篷，这种斗篷称为“迪普拉库斯”（Diplax）。穿着方式是将四方形的大块的面料对折，一侧披挂在肩部，另一侧则从腋下穿过自然悬垂在

图1–9　爱奥尼亚式希顿（公元前475年出土的雕像）

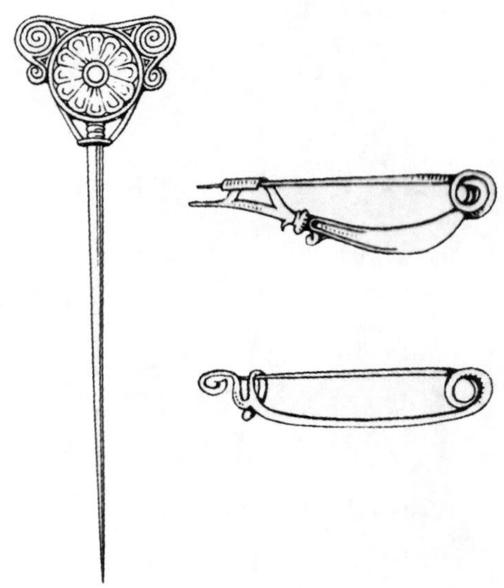

图1–10　固定希顿用的别针

身体两侧（图1–12）。

这个时期还有一种比希玛纯略小型的斗篷，名为“克拉米斯”（Clamys）。这种斗篷来源于塞萨利和马其顿军人所穿的斗篷，在古希腊，年轻人和骑士很喜欢穿这样款式的斗篷。它是由1m宽、2m长的毛织物做成，穿着时披挂于上身，用别针在一侧肩部固定。

图1–11 穿着希玛纯的辩论家（公元前200年左右出土的雕像）

图1–12 希顿外面穿着迪普拉库斯的女性（公元前320年左右出土的雕像）

四、古罗马服饰

公元前8世纪，伊特鲁里亚人从小亚细亚向意大利迁徙，并建立了国家城邦。公元前8世纪中叶，古代罗马人在意大利半岛中部拉丁姆平原上的台伯河下游河畔建立了罗马城。古罗马文化早期在自身的传统上受伊特鲁里亚、古希腊文化的影响，吸收其精华并融合而成。公元前3世纪以后，古罗马成为地中海地区的强国，其文化亦高度发展。

（一）伊特鲁里亚服饰

伊特鲁里亚人是从小亚细亚迁徙到古罗马的民族，因此其服饰特点带有浓重的东方风格。伊特鲁里亚人最常见的服饰是丘尼克、凯普（披肩）、曼托（斗篷）。伊特鲁里亚人的丘尼克男人穿的衣长较短（图1–13），女人穿的衣长较长到脚踝处。一种披肩式的斗篷名为“泰伯那”（Tebena），这是一种半月圆形的披肩，它搭过左肩在右肩垂下，形制来自于古希腊男子的斗篷，后来古罗马人穿的宽松外袍可能也是由此发展而来（图1–14）。

图1-13 丘尼克服饰复原

图1-14 穿着丘尼克和曼托的男子（公元前5世纪左右伊特鲁里亚的男子铜像）

（二）古代罗马服饰

古罗马最具代表性的服装名为“托加”。托加一词来源于拉丁语，原意是“覆盖”。这种服装是一种类似于多莱帕里式样的缠绕式服饰，是用一整块布将身体包裹、缠绕。托加的颜色、边缘的装饰以及穿着的方式都有非常严格的规定，不同的色彩、装饰图案、面料的缠绕方式可以反映出穿着者的身份与地位。托加的发展与变化甚至也从另一个角度映射了古代罗马帝国兴衰的过程（图1-15、图1-16）。

图1-15 穿着托加的男子（公元前1世纪出土的大理石雕像）

图1-16 穿着托加的法官

托加在古罗马共和制初期，作为普通市民服是男女都穿的款式。到了共和制中期就发展成为只有男子穿着。后来发展到帝政时期初期，托加就逐渐成为一种世界上最大的服装。制作托加的面料一般为毛织物，托加的形状基本为弓形、椭圆形、梯形。弓形托加的直径一般为5～6m，在曲线边缘的部分会装饰带颜色的边饰。托加的穿着方式如图1–17所示，是首先将托加搭在左肩上，然后将其绕向身体后方，经右侧肋下搭向左肩至后背。只有皇帝、执政官穿着的托加会被染成紫色或者红紫色，并在边缘装饰有金线刺绣的装饰图案，这种托加被称之为“托加·佩克塔”（Toga Picta）。中国的丝绸传入以后，这种托加经常使用丝和麻、丝和棉的混纺织物制作而成。普通市民只穿着没有任何装饰的“托加·普拉”（Toga Pura）。托加由于其体积过于庞大以及穿着方式所造成的不便，在帝政末期只有最高权力者、神职者才会穿着。后来托加在形式上逐渐发展成为带状形式的装饰物，也是拜占庭时期服饰中带状装饰的雏形。

古罗马男子一般会在托加里面穿着一种名为“丘尼克”的贯头衣（图1–18）。随着托加的逐渐衰落，丘尼克的颜色、衣长、袖长都开始出现了变化，在丘尼克上还出现了一种名为“克拉比”（Clavi）线状的装饰条，这种装饰条是为了显示穿着者身份。紫色丝绸面料并带有金线刺绣图案的丘尼克成为皇帝或恺撒将军、执政官的专有服饰。古罗马的军装也非常有特色（图1–19）。

古罗马的女子服饰与男子服饰相比样式变化很少。古罗马的男女服饰在织物、色彩方面差别较大。罗马女子的服饰基本延续了古希腊的服饰风格与样式，在里面穿着一种“丘尼克·因提玛”（Tunica Intima）贯头衣作为内衬，外面穿一种同爱奥尼亚式希顿很相似的外衣“斯托拉”（Stola），还会穿一种款式类似希玛纯的名为“帕拉”（Palla）的斗篷。由于帝政时

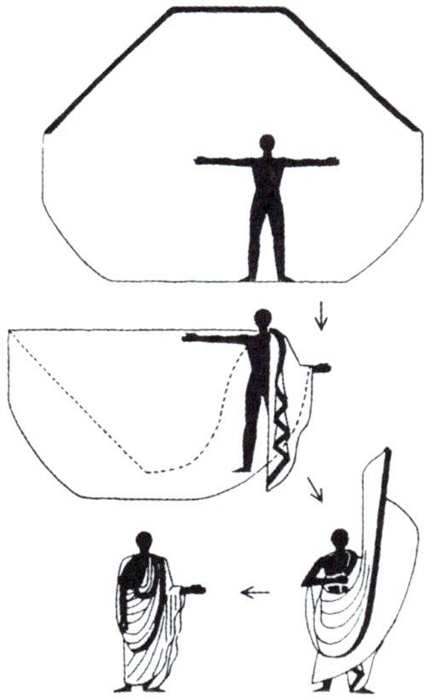

图1–17 托加的穿着方法

图1–18 丘尼克贯头衣（公元1世纪庞贝出土壁画）

图1–19 古罗马军装复原

期丝绸已经传入古罗马，所以用丝绸面料制作的斯托拉和帕拉，悬垂效果极好，再配合以鲜艳的红、蓝、紫色，使穿着的女性展现出了非常有罗马特色的女性魅力。由于女子服饰的款式变化较小，因此女子服饰的面料更趋于轻便，以棉、丝绸为主。

当时人们到公共浴室沐浴是非常流行的一种社交活动，男女都可以参与。公共浴室除了可以作为沐浴的场所，更重要的还是人们与朋友聚会的社交场所。沐浴完后，人们常常做些运动来锻炼身体。运动时男人基本上可以是全裸的，女子就会穿上一种类似“比基尼”的服装来参与体育运动。这是可以追溯到的最早的比基尼的前身（图1–20）。

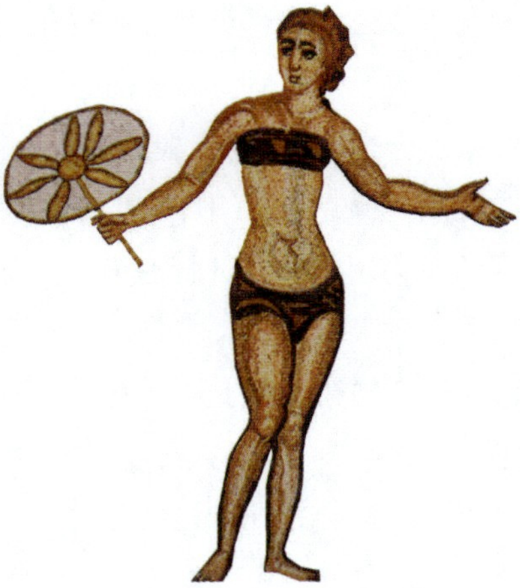
图1–20 女子的『比基尼』（公元前3世纪西西里出土的壁画）

五、古埃及服饰

古代埃及位于非洲东北部尼罗河中下游地区。古代埃及文明的时间跨度近3000年。古埃及文明共经历了前王朝、早王朝、古王国、第一中间期、中王国、第二中间期、新王国、第三中间期及后王朝9个时期31个王朝的统治。

古埃及文明中法老不仅被当作国王还被当作神。法老具有绝对的权力，控制着社会的每个领域，也包括艺术和服饰。由于古埃及人崇尚传统，所以古埃及服饰的款式几乎没有太大的变化。直到公元前332年亚历山大统治了埃及之后，古埃及人的日常服饰才开始慢慢地发生了变化。最初大多数服装的样式都很简单，大致呈三角形。由于古埃及所处的地理位置属于非洲，大多地区为沙漠地带，因此埃及的气候极其炎热。这样的气候条件客观上导致了古埃及的服饰大都具备宽敞、轻盈、省布的特点。在古埃及社会全裸是被禁止的，但是男子和女子可以让上身裸露。尽管女子遮盖身体的部分要比男子多，但是二者服装的款式基本相似。古埃及女子的服饰特点是高高的腰围线，而男子的服装则强调臀部。

在古埃及社会中，服饰体现了严格的社会等级制度，但是决定一个人社会地位高低的却并非服装款式而是服装的面料。服装使用的面料越好就代表这个人的社会地位越高。比如法老的服装常常用细软的亚麻布制作，甚至用金丝来装饰，而平民的服装则用植物纤维或皮革来制作。

（一）古王国、中王国时期的服饰

古王国、中王国时期男子的服饰呈现了将下半身遮盖而上半身裸露的特征。用来遮盖下半身的是一种名为罗印（Lion，法语称之为鲜提Shenti）的腰布。这种腰布一般选用耐洗涤且易于保持清洁的亚麻布制作，颜色多为白色，在当时是代表了宗教中“神圣”的含义。特别是国王穿用的罗印还要用糨糊把亚麻布浆上普利兹褶（Pleat，压褶或经熨烫定型的直线褶）。罗印作为一种最古老、最基本的衣服形态，普及于古埃及所有的阶层。随着时间的推移罗印的造型越来越棱角分明。这种棱角分明的廓型需要对面料进行浆洗来完成。这种经过浆洗的腰布就可以呈现出更加夸张、硬挺的廓型并逐渐在身体前部形成一个三角形。对于男性而言，这样的服装造型强调的是身体的前部。这种夸张的目的是通过夸张男子下半身的廓型来暗喻生殖崇拜的含义，同时也可以达到吸引他人注意的目的。

由于古埃及人的服饰大多为白色，丰富的褶裥所形成的丰富立体感和明暗效果弥补了白色面料的单调，这些褶裥也是古埃及人服饰魅力所在。同时这些褶裥也可以使一些相对紧身的衣服有了伸缩的余地而不妨碍身体的活动。固定褶裥的方法是将衣料浸水、上浆、折叠、压紧后晾干。

古王国、中王国时期女子的服饰主要以丘尼克紧身直筒裙为主（图1–21）。有的丘尼克衣长从胸下直至脚踝，同时用两根背带将裙子吊在肩上，面料与男子服饰一样基本上为白色亚麻布。这种裙子相对紧身合体，裙子上也像男子的罗印一样装饰了很多褶裥，这样可以使紧身合体的裙子有伸缩的余地，便于活动，裙子也更具装饰感。一般只有法老和贵族们的妻子才可以穿这样带褶裥的丘尼克，保养这些衣服需要特别仔细，奴隶们需要很长时间才能将服装上的褶皱制作好。

图1–21 古王国、中王国时期女性丘尼克直筒裙

（二）新王国时期的服饰

新王国时期是指古埃及第18王朝到第20王朝（公元前1553～公元前1085年），新王国时期法老穿着的罗印款式基本延续了原有的样式（图1–22）。新王国时期，古代埃及服饰中最具代表性的就是埃及男子的服饰。其中最具代表性的款式就是名为“卡拉西里斯”（Kalasiris）的可以覆盖全身的贯头衣。卡拉西里斯服饰的出现是由于新王国时代古埃及领土的不断扩张，使得一些东方服饰品作为战利品被引入到古埃及，这些东方服饰再结合古埃及人的服饰文化就形成了新的款式。这

图1-22　国王穿着带有普利兹褶的罗印（新王国时期图特摩斯3世立像）

种服饰最初只有男性穿着，后来古埃及的女性也把这种服饰作为礼服来穿着，只是在穿法上与男性略有不同。卡拉西里斯一般穿在罗印外面，由于面料是非常柔软轻薄的亚麻布，所以可以清楚地看到穿在里面的罗印。卡拉西里斯是将一块长方形的布对折，并在中间的位置挖孔作为头部的出口，腰部用细绳、软绳或者略宽一些的带子系紧。由于卡拉西里斯是贯头衣，所以穿着方式很容易变化且多种多样（图1–23、图1–24）。

女子服饰与男子服饰区别不大。古埃及人在着装目的上除了遮体之外，更注重服饰的象征意义。贵族女子一般可以穿着各种式样的服装，而奴隶和舞女常为裸体或只在腰臀部系一根细绳，称为“绳衣”。这个时期的女子服饰出现了上衣和裙子的两件套组合形式，上衣称为“凯普”（Cape），下身则穿着裙子。所谓“凯普”其实就是类似现代人所说的披肩，这个时期的凯普一般分为两种。一种是将长方形的布直接披挂在肩上，使其呈披肩状盖住肩膀，并将披挂好的长方形布在胸部打结束紧；另一种则是在一块椭圆形的布中间挖洞，把头套进去，而垂下的面料的长度正好像披肩一样地遮住了肘部。除此之外，还有一种名为“多莱帕里”的卷衣，也是这一时期女子服饰中具有代表性的款式。这种款式是一块长方形的面料，经过在身上的缠绕来达到包裹身体的穿着效果，因此也为卷衣型服装。这种款式与古希腊的服饰很接近。

图1–23　穿着卡拉西里斯及丘尼克的宴会乐器演奏者（埃及第18王朝时期的壁画）

图1–24　穿着罗印克罗斯的国王和穿着卡拉西里斯的王后（埃及第18王朝时期的浮雕）

（三）服饰品与化妆

古埃及的服饰品以及化妆可以说是埃及服饰文化中最具特色也最能显示埃及服饰魅力的一个重要部分。

1. **珠宝、饰物**

古埃及的男女都穿戴珠宝。古埃及的饰物不仅装饰身体还可以彰显权利和宗教寓意。其中最具代表性的就是在颈部和胸部佩戴宽宽的项链或领饰，这也是服装的一部分（图1-25）。除此之外，古埃及人还喜欢佩戴面具、耳环、巨大的手镯、臂饰等饰物。当时古埃及珠宝、首饰的制作工艺技巧已经达到了相当高的水平（图1-26）。当时最多被用于制作首饰的材料包括祖母绿、玛瑙、玉、水晶、金、银、景泰蓝等。与其他饰物一样，冠饰也具有一定的象征意义。因此，冠饰上也多装饰具有象征意义的题材，如太阳、蛇、圣鹰、秃鹰的翅膀等。

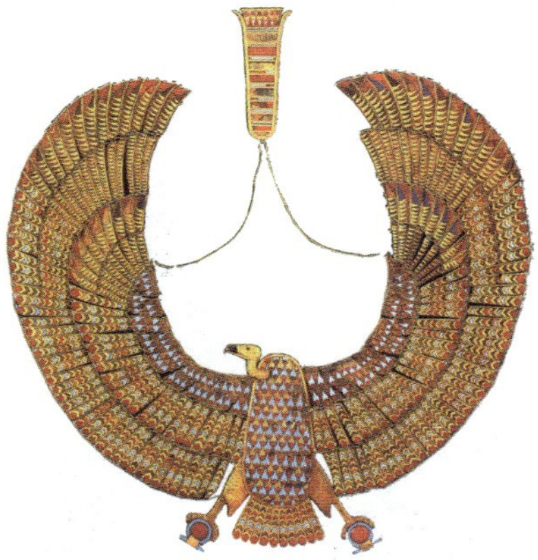
图1-25 新王国时代的颈饰

图1-26 新王国时代法老的面具

2. **发型、化妆**

由于古埃及地理位置与气候的原因，头发很容易滋生寄生虫，将头发全部剃去或留短发更有利于卫生与清洁。因此，古埃及无论男女都流行戴假发，男子假发较短、女子假发一般长至胸部。假发也被染成各种颜色。古埃及人对发型非常重视，他们发明了最早用于头发造型的定型剂，同时还调配药物来治疗秃顶和白发。

与戴假发一样，古埃及的男子还有戴假胡须的习惯。有身份的古埃及男子都要剃须洁面，光滑的面颊意味着出身高贵且地位显赫。在出席各种庆典活动或重要的仪式时就会佩戴各式各样的假胡须以显示身份与地位。

古埃及的男女都化妆，化妆技巧鲜明繁复。他们用一种被称为绔洱的化妆品将眼皮涂黑，用孔雀石碾成的粉末来勾描眼线，使眼线变长以达到夸大和突出眼睛的目的。红唇膏、胭脂都是当时流行的化妆品，还有一种被称为“指甲花”的红色染料是涂染指甲的染剂。古埃及人对颜色很重视，对他们来说颜色具有象征意义。比如，绿色代表青春和生命，黄色代表永恒之神的皮肤，也正因为如此古埃及人经常把自己身体图上金色。女人用淡黄褐色的化妆品来使皮肤颜色变浅，男人则把橙色的胭脂抹到脸上来使肤色变深。白色象征着幸福，白色也是古埃及人服饰中最常见的颜色（图1–27）。

图1–27 古埃及人的饰物和化妆

3. **鞋履**

古埃及人的服饰品中鞋履是另一个非常具有代表性的类别。鞋对于古埃及人来说可能是最贵重的服饰品了。“凉鞋”是已知最古老的鞋子，凉鞋的雏形可以说是出现在古埃及。这种鞋履可以使双脚不被沙漠里的热沙烫伤，同时又能让脚保持通风与凉爽。古埃及凉鞋最基本的形状是由两根鞋带和一面鞋帮组成。无论男女都穿着木头、纸草、山羊皮和棕榈纤维制成的鞋。由于古埃及人认为鞋是最贵重的服饰品，所以一般在室内穿着，旅行时人们则大多提着鞋，到了目的地才穿上它。

第二节　中国古代服饰

一、原始服饰的发祥期

在距今约30万年前，原始人类开始用兽皮御寒，这也是人类服饰创造的开端。在中国的新、旧石器时代，人类创造性地发明了早期的缝纫和纺织技术，直至旧石器晚期，人们才制作出了最早的服饰品。北京周口店山顶洞人遗址出土了一枚骨针，针长82mm，针尾端直径3.1mm，这枚骨针也是我国目前所知最早的缝纫工具了（图1–28）。由此，可以推测出距今2.5万年前的山顶洞人时期是中国服装史的发祥期。从出土的骨针以及一些饰品可以看出，当时的人们已经开始使用骨针缝制兽皮的衣服并用兽牙、骨管、石珠等做成串饰进行装扮。随着新石器时期的到来，人们开始搭建房屋，逐渐改变了原来的穴居生活方式。早期的纺织技术开始出现，人们穿衣戴冠的意识开始形成。在山西仰韶文化遗址中出土了石质、陶质纺轮，在浙江河姆渡文化遗址也出土了一些骨梭、木机等早期的纺织工具（图1–29）。

图1–28 山顶洞人的骨针及饰品

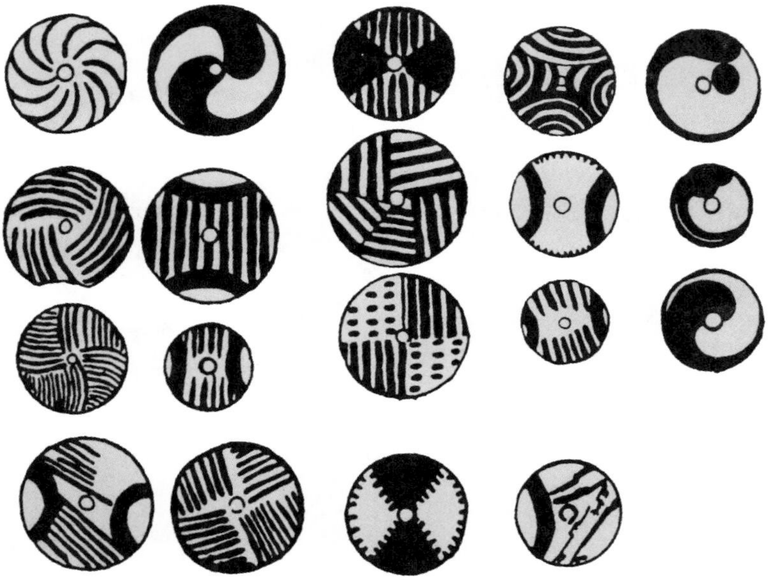
图1–29 湖北天门石家河遗址出土彩绘纺轮

（一）原始时期的纺织衣料

根据一些典型新石器时期遗址出土的实物来看，麻织物是我国新石器时代重要衣料。麻织物的材料有枲（xǐ，大麻）、苘（qǐng）麻、苎麻。例如，河姆渡文化遗址出土了6900年前的苘麻绳子，山西仰韶文化遗址出土了底部带有麻布或编织物痕迹的陶器（图1–30），可以看出当时的织物有平纹、斜纹等混合编织法。另外，在江苏青莲岗新石器文化遗址出土的织物残片（江苏草鞋山距今5000～6000年）是一种名为“葛布”的织物，也是新石器时代重要的纺织品。山西仰韶文化遗址也曾发现了陶蚕蛹，也可以推测早期的养蚕纺丝技术的雏形开始。同时，这个时期也出现了一些毛织物。

（二）原始时期的服饰

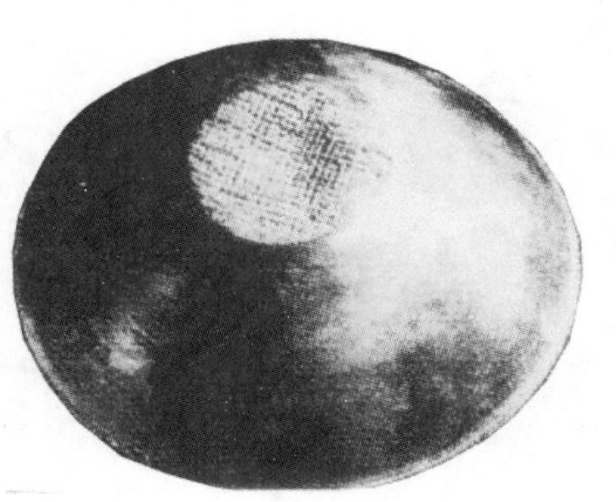

图1–30 西安半坡遗址出土带有麻织物印痕的陶碗

图1–31 西安半坡遗址出土人面鱼纹彩陶盆

由于原始社会时期的纺织品及服饰品实物很难保存到现在，因此研究原始社会时期服饰品的面貌只能依靠一些当时的陶器、雕塑上的人物纹样来分析和推测当时人们的着装特征。原始社会时期由于人们对自然的认知并不充分，因此巫术是当时非常重要的仪式。巫师的地位也非常高，巫师的服饰也是研究原始社会时期服饰的重点参考。从出土陶器彩绘纹样中可以看到，这个时期的人们对于发式、头饰、面饰是非常重视的。史学家们推测这些配饰可能是巫术活动中重要的道具。如图1–31所示，西安半坡遗址出土的彩陶盆上的所绘的人面鱼纹图案就是当时人们戴尖顶高冠的佐证。图案中冠饰的左右及底侧有装饰物，左右对称向外展开。人面中还有纹彩，这是当时纹面习俗的反映。这也说明束发、戴冠饰是远古以来中华服饰文化的重要特征。在以后中国的服饰发展进程中冠饰一直是服装中重要组成部分。另外，原始社会时期的彩陶中可以完整、写实地反映服装的资料不多，也只能根据一些彩绘图案来推测当时服装的款式。例如，1995年青海马家窑遗址出土的舞蹈纹彩陶盆（图1–32）。彩绘中的人物穿着类似窄袖的紧身长及于膝的襦衣。人物头顶右侧有一角翘起，人物身后有一尾状装饰。有专家认为这是将包头布的一角垂于额头的右方，而使衣襟向左飘起。也有专家认为这是原始舞蹈的巫术内容，在舞者身后挂的一条兽尾。从这些类似的陶器纹样中可以推断当时人们的服装款式基本应该为上衣下裳相连，长过于膝，腰间束带的服装，属于贯头衣类。贯头衣也是西方早期服饰的基本款式，这说明中西方服饰在早期是有一些相似之处的。在马家窑遗址还出土了另一件舞蹈纹彩陶盆，根据陶盆纹彩推测所画舞人均穿紧身上衣，下穿呈半球形膨起的及膝短裙（图1–33）。

（三）原始时期的配饰

在原始社会时期的遗址中还出土了很多早期的配饰，也证明了原始社会时期配饰品种的丰富。例如，笄（jī，固定发髻的用具）、栉（zhì，梳子与篦子的总称）。栉下面有齿，上面有背，齿有疏密，疏者为梳，用以梳理头发，密者为篦，用以篦除发垢。新石器时代的栉齿都很疏，出土的有骨梳、石梳、玉梳、牙梳、耳环、耳玦（耳环为圆环形，耳玦是有缺口的圆形）、颈饰等（图1–34、图1–35）。

图1–32 青海马家窑类型舞蹈纹彩陶盆

图1–33 青海马家窑类型舞蹈纹彩陶盆

图1–34 安徽新石器时代遗址出土骨笄

图1–35 山东大汶口文化遗址出土新石器时代象牙梳，长16.7cm

二、夏、商、周服饰

中国约在距今5000年前进入父系氏族社会，随着私有制的逐渐形成出现了阶级分化，到公元前21世纪进入奴隶社会，出现了第一个王位世袭的夏王朝。公元前17世纪商汤领兵消灭了夏桀，建立了商朝。随着奴隶制社会的形成，奴隶主阶级成了统治阶层，为了显示自身的地位与身份则把服饰的“礼”制功能提高到了突出的地位。服装除遮体外，更重要的则是被当作划分等级的工具。因此，中国服饰文化自此时期起，服装的款式、色彩、纹样、装饰等更重视其带有暗喻性的意识形态的意义而非装饰以及实用意义。商、周时期对服饰资料的生产、管理与分配使用都极为重视，甚至专门设立了主管服饰资料生产与管理的官职。服饰作为“礼”制的内容从夏朝起，王宫里就曾设有从事蚕事的女奴。商代也有管蚕事的女官——女蚕。到西周更设有庞大的官工作坊，从事服饰资料的生产。主管纺织的“典妇功”与王公士大夫、百工、商旅、农夫合称国之六职。周朝还设有专门管理王室生活资料的官吏。如王府、司裘、掌皮、典丝、缝人、屦人、染人等。

（一）夏、商、周时期的章服（冕服）制度

夏、商、周时期也标志着中国服饰的发展由以巫术象征过渡到以政治伦理为基础的王权象征的重要时期。到了奴隶社会，由于奴隶主地位的确立则称其为“天子”。“天子”是奴隶制国家的最高统帅，服饰制度也是以冕服制度为中心规定了等级及相应的章服制度。这种章服制度作为统治阶层的礼服自商周时期确立起一直延续至唐代。在一些重要的仪式时，帝王根据典礼礼仪标准，穿着不同的冕服。冕服是冕冠和冕服的总称（图1–36）。据汉叔孙通《汉礼器制度》：“周之冕，以木为体，广八寸，长尺六寸，上以玄，下以纁，前后有旒”。①綖作前圆后方形，戴时后面略高一寸，呈向前倾斜之势。旒为綖板垂下的成串彩珠，一般为前后各十二旒。冕冠戴在头上，以笄沿两孔穿发髻固定。两边各垂一珠，名为“充耳”，垂

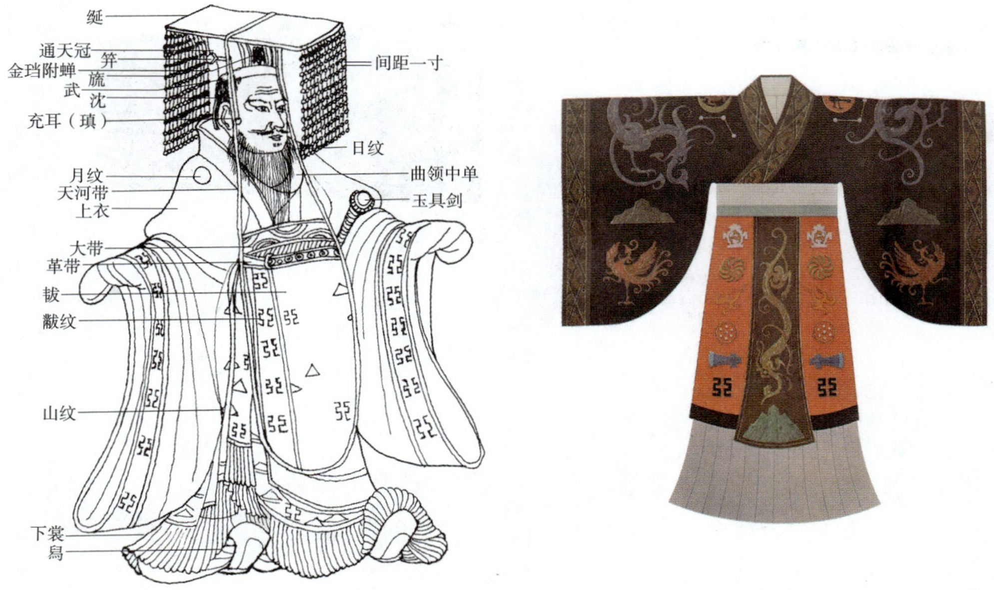

图1–36 冕服各部分名称说明图及款式复原图

① 周代一尺相当于今19.9cm。

在耳边，意地提醒君王勿轻信谗言。冕服则为上衣下裳的形式，上衣为黑色象征天，下裳为红色象征地（意为上有天下有地）。冕服上还装饰有十二章纹。十二章纹是冕服中重要的组成部分，每个图案都暗喻着统治者该具备的品格。日、月、星辰纹暗喻照临，山形纹暗喻稳重，龙纹暗喻应变，华虫（雉鸟）纹暗喻文丽，宗彝纹暗喻忠孝，藻纹暗喻洁净，火纹暗喻光明滋养，黼、黻纹暗喻决断、明辨是非（图1–37）。

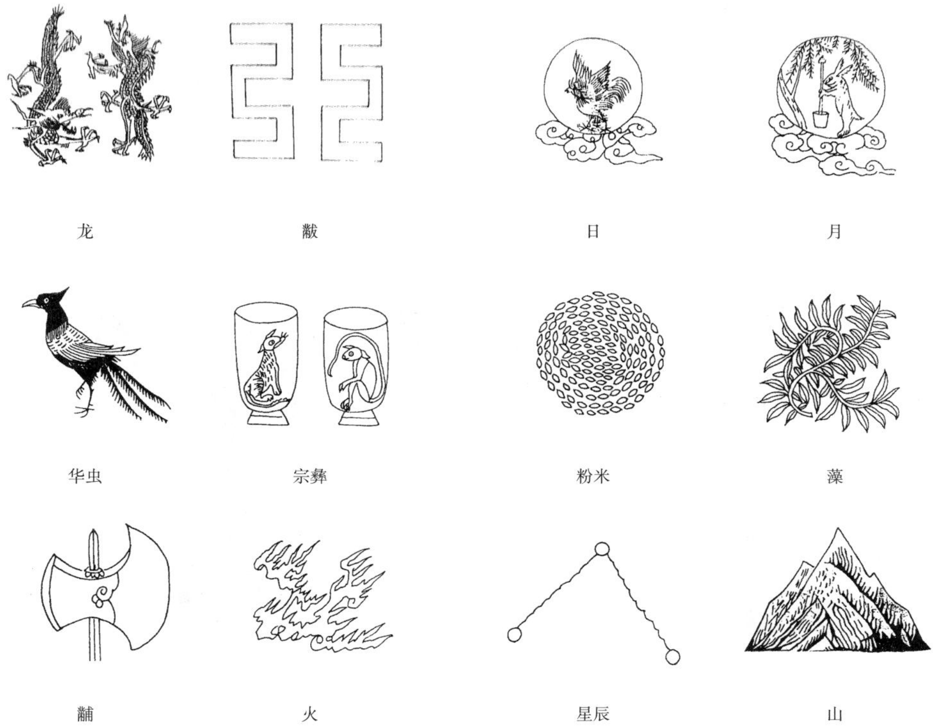

图1–37 明《三才图会》中的十二章纹

（二）夏、商、周时期的一般服装

夏、商、西周时期比较典型的一般服饰为玄端、深衣、袍、襦（图1–38）。玄端的衣长与衣宽一般为二尺二寸，一般为玄色无纹样装饰，是天子的常服，大臣也可穿。深衣是上衣下裳相连的长款服装，一般为白色，款式符合儒家的服饰理念，是这个时期最常见的服装，一直流行至春秋战国（图1–39～图1–41）。袍也是一种上下连属、长度过膝的中式外衣，一般有衬里，作为一种生活便服，不作为礼服穿着。襦则是比袍短一些的服装。

图1–38　1976年河南殷墟出土玉人穿右衽交领过膝绣衣

图1–39　河南殷墟出土玉人头戴高巾帽、身穿交领窄袖衣，腰束带，前系韦韠

图1–40　窄袖织纹衣、韦韠穿戴展示图（根据玉人服饰复原图）

图1–41　矩领窄袖长衣图（根据出土陶、铜人复原图）

（三）夏、商、周时期的配饰

由于奴隶主阶层对首饰配饰非常重视，因此夏、商、西周时期的配饰种类和质地也非常丰富，包括发饰、耳饰、颈饰。这个时期开始受到儒家理念的影响，人们开始流行佩玉，这种风俗直到汉代都极为流行（图1–42）。笄在周代主要用来固定发髻以及冠帽，男女都可用（图1–43）。商代的梳则主要用来装饰发髻。玦、瑱、珰是当时典型的耳饰（图1–44、图1–45）。

图1–42　山西天马一曲土村遗址出土西周晚期佩玉

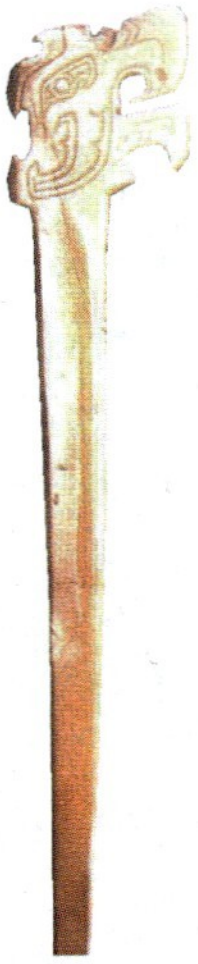

图1-43 河南殷墟出土玉笄

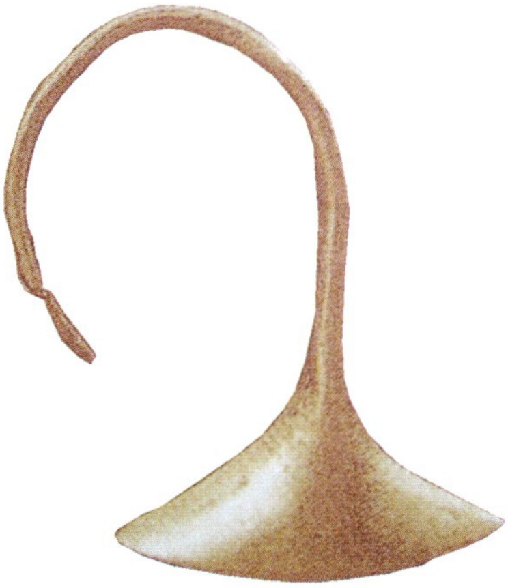

图1-44 北京刘家河商墓出土金耳珰

图1-45 河南殷墟出土龙玉玦

三、春秋、战国服饰

春秋大致从公元前770～公元前476年，战国从公元前475～公元前221年。进入到春秋战国时期，奴隶制社会逐渐瓦解开始向封建社会演进，服饰文化也因此发生了变化。这个时期的农业、手工业、纺织业都有了极大的发展。由于当时思想文化领域百家争鸣的局面，服饰理念也比较多元。

（一）春秋战国时期的纺织品

春秋战国时期纺织技术极大发展，民间手工作坊与官营作坊并存。当时主要的纺织品为绢、绨、罗、锦（图1-46）。由于织绣技术的发展，纺织品纹样风格也较前代有了很大的变化。商、周时的纹样彰显严峻犷厉的美学风貌，纹样结构一般为几何框架的中轴对称样式，纹样造型也较为抽象。到了春秋战国时期纹样风格较为活泼生动，纹样结构由抽象转向写实，纹样造型也由直线转向自由的曲线。纹样题材的选择一般也都具象征意义。

（二）春秋战国时期的服饰

春秋战国时期最典型的服饰就是袍类服装。当时最常见的袍服分别为直裾袍以及曲裾袍（图1–47、图1–48）。袍主要有三种款式：第一种是后领下凹，前领为三角形交领，两袖下斜，袖筒最宽处在腋下，小袖口，这种款式比较实用；第二种则两袖平直，宽袖口，短袖筒，后领上凸、交领，衣身较宽松，这种款式一般穿在最外面；第三种为长袖，袖下呈弧形，衣身较为宽松，这种款式一直沿用到西汉。作为直裾袍就是交领右衽，侧面垂直至下摆；曲裾袍则是衽侧面为三角形并绕至背后，腰间用丝带扎紧（图1–49、图1–50）。另外，此时还有一些与袍服相似的禅衣、夹衣。还有一种名为袾衣的服装是短袖对襟衣。另有一种名为绵袴的不合裆的夹裤以及一种名为单裙的半裙。

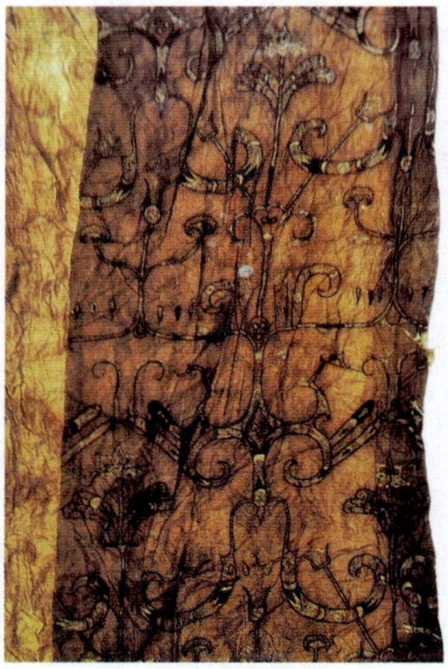

图1–46　湖北战国楚墓出土雁衔花草刺绣纹样

图1–47　湖南战国楚墓出土少女龙凤帛画刺绣及画中曲裾袍复原图

图1–48　湖北战国楚墓出土龙凤虎纹及直裾袍复原图

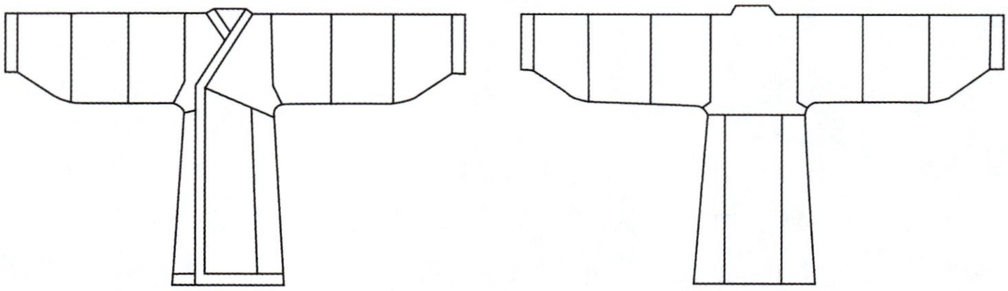

图1–49　湖北战国楚墓出土绵袍解构示意图

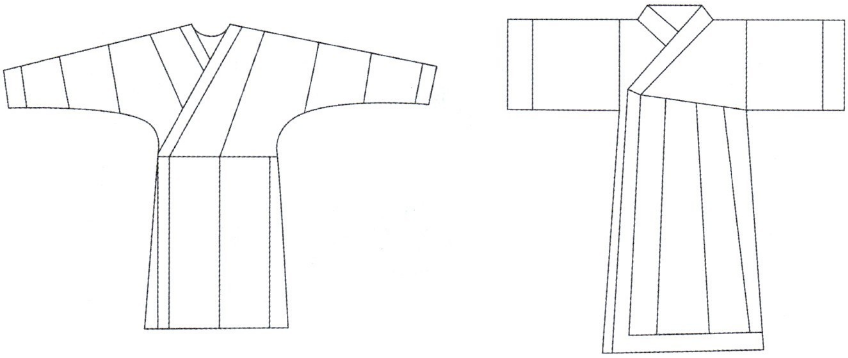

图1–50 湖北战国楚墓出土绵袍斜裁示意图

（三）春秋战国的配饰

春秋战国的饰物主要沿袭商、周时期的传统。在饰物材质的使用上也有区别身份和表征德操的作用。笄、梳、篦依然常见，耳饰、颈饰也很丰富（图1–51）。这个时期由于袍服的流行，因此一种束腰的带钩成为了服饰中不可缺少的配件（图1–52、图1–53）。带钩早在新石器时代就被使用，战国时期在款式与用料以及制作工艺上都有了显著的发展。材料有玉、金银、青铜等。款式风格多样，但钩体都为S形（图1–54、图1–55）。另外，《礼记·玉藻》中记载“古之君子必佩玉”“凡带，必有佩玉，唯丧否”，说明当时佩玉之风非常流行。当时除了统治阶级要佩戴礼制玉佩外，还有很多平时佩戴的装饰性玉佩（图1–56、图1–57）。

图1–51 1979年内蒙古匈奴墓出土战国金耳坠

图1–52 1965年江苏出土战国交龙金带钩

图1–53 金银错带钩

图1-54 黄金嵌玉带钩

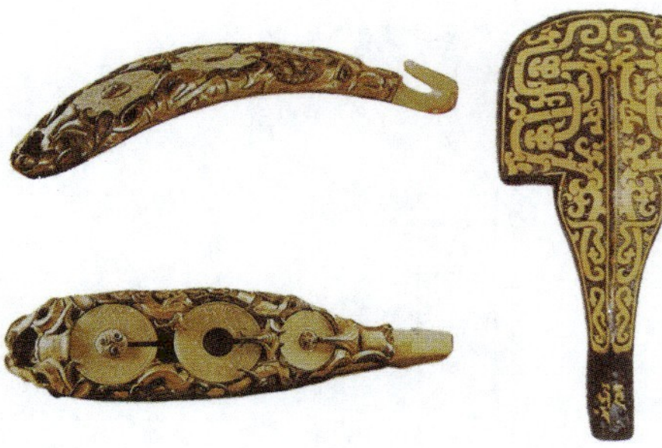

图1-55 包金镶玉带钩

图1-56 河南出土战国金链舞女玉佩

图1-57 1978年湖北出土战国早期多节玉佩

思考题

1. 简述中西方服饰起源的特征。
2. 简述中国夏、商时期的服饰特征。
3. 列举古代埃及的典型服饰。
4. 列举春秋、战国时期典型的服装款式。

第二章 中古服饰

课题内容： 1. 西方中古服饰

2. 中国中古服饰

课题时间： 12 课时

教学目的： 使学生了解中古时期中西方的社会背景，并掌握中古时期中西方各时期服饰的不同风格与特征。

教学方式： 理论讲授、多媒体课件播放。

教学要求： 1. 了解中古时期中西方的政治、宗教以及社会背景。

2. 了解中古时期中西方各个不同时期服饰风格的特征与关联。

在西方，中古时代（又称中世纪，Middle Ages，476～1453年）是由西罗马帝国灭亡开始计算，直到东罗马帝国灭亡，民族国家抬头的时期为止。“中世纪”一词是15世纪后期的人文主义者用来界定这个时期才开始使用的。中世纪的欧洲没有一个强而有力的政权来统治。封建割据带来频繁的战争，造成科技和生产力发展停滞，人民生活在毫无希望的痛苦中度过，所以中世纪或中世纪早期在西方历史上也被称作“黑暗时代”，这是欧洲文明史上发展比较缓慢的时期。

4世纪初，基督教已大体传遍罗马帝国全境，并逐渐向中上层人士渗透。5世纪后，西罗马帝国逐渐瓦解，欧洲向封建社会过渡。这个时期的社会生活方式和社会意识形态都不可避免地深受宗教观念的影响。基督教以基督教会为依托，使得11～15世纪整个欧洲人文背景以及习俗文化都产生了较大的变化。这些宗教理念进一步加强了对人们思想的禁锢与控制，同时也影响到了服饰文化。

1348年，“黑死病”在欧洲流传，引发了整个西方世界的政治和社会危机，这也对服装文化造成了深刻的影响。人们的服装开始变得越来越华丽，甚至有些夸张。同时，受到基督教的影响禁欲之风盛行，教会禁止人们追求人体之美乃至凸显人体美的服饰之美。宗教强调禁欲的理念直接导致了中世纪西方文化艺术在早期经历了禁欲主义阶段，在后半期则经历了反封建、反神权、反禁欲的人文主义革命阶段。禁欲和反禁欲的斗争在服饰方面也得到了充分体现。因而服饰文化中出现了否定肉体和肯定肉体的两种矛盾的文化现象，这些都表现在中世纪各时期的服装款式中。

中世纪也是西方服装由古代二维的平面服装结构向三维立体的结构转变的重要节点。由中世纪开始形成的这种服装结构观念一直影响着整个西方服装发展的过程，直到今天人们依然沿袭着这样的服装结构模式。中世纪也是西方服装裁剪史上一个重要的时期，专业裁缝最早出现在中世纪。在古希腊、古罗马时代制作衣服是女子的工作，但随着时代的发展，服装裁剪与缝制的工作逐渐被男人取代。到1300年巴黎已大约有700位专业裁缝，而这些裁缝基本上都是男性。史学家们认为，由于中世纪特殊的服装样式以及人们对服装式样的重视与对服装裁剪的偏好，在此时个性介入了服装。如色彩的选择、面料的质地、服饰的搭配和装饰品的选择等。

在西方的中世纪之前，中国处在秦、汉时期，这也是中国由奴隶社会向封建社会的转变期。大概在中国的南北朝时期，随着东罗马帝国的建立，西方世界进入到中世纪，中国则在魏晋、南北朝之后经历了隋、唐、宋时代，巩固了封建主义社会形态。整个中古时期也是中国服装文化发展的重要阶段。首先，秦、汉时期封建政治意识逐渐形成，以政治伦理观为主的服饰思想初步形成。随后以统治者为核心的儒家思想基础确立了封建服饰制度。

第一节 西方中古服饰

一、拜占庭服饰

罗马帝国自西罗马帝国灭亡后，帝国东部罗马政权的延续被称之为东罗马帝国，也被称之为拜占庭帝国。这是中世纪欧洲历史上最悠久的君主制国家。拜占庭帝国的主流文化主要沿袭了古希腊文化。拜占庭文明在继承罗马文明的基础上，形成了特有的西方与东方交融的华丽绚烂的服饰文化。拜占庭位于地中海东北部，地理位置上正好处于欧洲与亚洲交汇的位置，所以成了世界各国商业交流的中心地，也是由于这样的原因才形成了独特的服饰文化。550年左右，由于中国、波斯丝绸和科普特织物的传入，拜占庭的织物与染色技术及产业非常发达。拜占庭服饰风格融合了古希腊、古罗马以及亚洲东方服饰的特点于一体。在一定程度上，这个时期的服饰也对中世纪和文艺复兴时期的服饰有着深远的影响。

查士丁尼一世是拜占庭时期最重要的一位统治者，他的统治期一般被看作是历史上从古典时期转化为希腊化时代的东罗马帝国的重要过渡期。描绘查士丁尼一世和他的妻子提奥多拉的壁画也成了研究拜占庭时期服饰的最直接的资料。

（一）拜占庭时期的服饰

拜占庭时期的服饰中不同地区的服饰有各自的特点。比如，冬季阴冷多雨的马其顿和多瑙河边境地区与干旱炎热的埃及地区服装的样式有很大差别。拜占庭时期皇帝的服饰不仅代表着皇帝的身份和地位，还引领着当时社会的服饰样式的流行和生活方式。在拜占庭时期皇帝身兼两职，他既是国家首脑又是宗教领袖，所以他的生活方式受到严格的限制和礼节的监督。对于服饰的要求也不例外，在特定的场合皇帝的穿着都有严格的规定，包括服装、王冠甚至佩戴的珠宝都有相应的规范。最具代表性的服饰就是查士丁尼一世的服装。如图2-1所示，查士丁尼一世里面穿着一种名为“达尔玛提卡”（Dalmatica）的紧身贯头衣，长度及膝，下身一般搭配一

图2-1 查士丁尼及其随从（局部）

种名为“霍兹”（Hose）的裤子。最外面穿着一种名为“帕鲁达门托姆”（Paludamentum）的方形大斗篷。这种斗篷也是拜占庭时期最具代表性的外衣。皇帝专属的帕鲁达门托姆是紫色丝绸质地的斗篷，这种斗篷也是受到了古罗马服饰文化的影响。由此可以看出拜占庭的服饰特征也像古希腊、古罗马服饰一样，款式都相对简单，主要的服装款式就是“T”型束腰贯头衣。穿着时在右肩用带有宝石装饰的安全别针固定。帕鲁达门托姆的前后衣身上都装饰有一种名为“塔布里昂”（Tablion）带有金线刺绣的四方形的装饰。这种装饰很像中国明清时期的补服。

拜占庭时期的服装虽然面料和装饰比较华丽，但因为深受基督教教义的影响，所以男女服饰中禁欲主义的观念非常明显。男女服装基本上都要将身体包裹起来，从款式和造型上忽略了性别的差异。同时，女性也不能将头发、手等部位从服饰中显露出来，这样就更难分辨出着装者的性别。因此，拜占庭的女子服饰与男子服大致相同。作为女子服饰的代表可以从提奥多拉皇后的服装中看到拜占庭女装的特点。如图2–2所示，皇后与皇帝一样也穿着紫色带有金丝刺绣的帕鲁达门托姆。皇后穿着帕鲁达门托姆时会搭配带有彩色装饰的披肩，这种披肩是由波斯传入，用金线刺绣并装饰着各种宝石与珍珠。由于宗教规定女性的头发不能外露，因此皇后头上会佩戴镶有宝石、珍珠的黄金冠饰将头发掩盖住。皇后身边的侍女们则穿着带有黑色几何图案的达尔玛提卡。公元2世纪由巴尔干半岛地区的服饰达尔玛提卡发展而来的丘尼克也是这个时期的人们常穿的服饰，在穿着时经常搭配一种类似披肩的丝质帕拉，有时候会用帕拉将头部遮盖起来。另一种名为“罗鲁姆”（Lorum）的服饰也是拜占庭时期的一种服装样式。如图2–3所示，这种服装穿着时将一端自右肩垂直至脚前，剩余部分自后颈搭回到左肩经胸前垂下搭在左手腕上。

图2–2　提奥多拉皇后与宫女（局部）

图2–3　罗鲁姆（尼基弗鲁斯皇后画像局部）

（二）拜占庭时期纺织品

丰富的服饰面料也是拜占庭文化在服装上独树一帜的特点。拜占庭帝国时期西方有了自己的丝织业并非常发达，将丝绸生产家庭化是拜占庭对世界服装业做出的最重要的贡献。拜占庭时期欧洲已经逐渐开始从中国进口蚕丝的生丝自己制造丝织品，当时丝绸的生产集中在希腊南部地区。当时流行的服饰面料有塔夫绸、锦缎、天鹅绒、带金银提花的织锦、亚麻、羊毛等。丝绸作为皇家垄断的原材料，丝绸的买卖也由官营商人严格控制。没有皇室的许可，平民不得随意穿着丝绸服装。长久以来，丝绸生产在西方一直显得非常神秘，对于当时的西方人来说，完全不了解华丽的丝织物居然是用蚕丝制成的，也没有掌握丝织技术。最初是拜占庭人要到中国进口丝绸，但要经过漫长的贸易路线。直到552年，两个波斯人偷偷从中国带回一节中空的竹子，竹子里藏着蚕和桑树种子，从此西方人开始有了自己的丝绸。拜占庭时期可以织造出一种六股丝的锦缎，这种锦缎非常厚实，丝绸上还可以绣上金线装饰。绣有中国龙凤图案的中国丝质长袍偶尔也出现在拜占庭帝国。紫色的丝袍为皇帝和皇后专用的服装，高级教会人士则穿着织金绣银的锦缎教袍和法衣。普通人的服饰多为棉布和亚麻织物质地，款式多为长袍、丘尼克和霍兹裤（图2–4、图2–5）。

图2–4 男子的达尔玛提卡贯头衣（西西里岛巴勒莫蒙雷尔大教堂壁画局部）

二、5～10世纪服饰

（一）查理曼时代的到来

图2–5 男子的丘尼克和霍兹长裤（公元6世纪壁画局部）

公元1世纪前后日耳曼人控制着莱茵河右岸、多瑙河流域以及黑海北岸地区并与罗马帝国接壤。公元375年左右被中国汉朝打败的游牧民族“匈奴人”经中亚向西迁徙入侵欧洲，与此同时东哥特族也逐渐壮大起来。公元376年西哥特族入侵罗马帝国，由于这个原因日耳曼民族开始迁徙，这样就造成了整个欧洲的民族大迁徙。法兰克族占据了北高卢地区，盎格鲁撒克逊人占据了大不列颠，西哥特族占据了伊比利亚半岛，东哥特族占据了意大利半岛，这些民族也都各自建立了王国。

在这些王国中最有实力的当属法兰克王国，于486年的苏瓦松战役彻底颠覆了最后的罗马军事政权。751年，查理·马特的儿子查理成为法兰克王国的国王建立了加洛林王朝。8世纪后半期，查理统治法兰克王国时，把法兰克王国的势力推向顶峰。通过近半个世纪的连年征战，到8世纪末法兰克王国的版图空前广阔。东起易北河、西至大西洋沿岸、北濒北海、南临地中海，几乎占据了整个西欧大陆。其版图范围甚至同古代西罗马帝国的领土范围差不多。800年罗马教皇利奥三世在罗马的圣彼得大教堂亲自为查理加冕，称其为查理大帝，即法兰克王国正式成为帝国。由于查理大帝的名字也被译成查理曼，这个帝国也被称为查理曼帝国。在查理大帝统治期间，充满黑暗痛苦的欧洲文明得到了短暂的舒缓，艺术、文学、服装时尚又一次繁荣起来。

（二）欧洲服饰流行的开始

日耳曼民族在受到罗马服饰文化的影响前，未开化式样的服装是其最大的服饰特点。由于气候的原因，男子下半身穿着分别包裹着两条腿形式的类似裤子的服装，上半身则穿着很合体的上衣，这样的组合搭配很像当代服饰中上衣和裤子的组合形式。

由于5世纪左右法兰克的墨洛温王朝彻底颠覆了罗马帝国的统治，因此在服装上体现出了法兰克民族与罗马民族的双重特点。首先，在宫廷中沿袭着很多拜占庭时期的服装款式。国王一般里面穿着丘尼克·帕尔玛塔（Tunica Palmate），外面则搭配帕鲁达门托姆，头上戴着镶嵌着各种宝石的王冠。在日常生活中，普通日耳曼服饰的搭配是丘尼克和帕鲁达门托姆的组合。作为腿部的服装，日耳曼人穿着类似裤子的皮质裤袜，并且用带子将其绑在腿部。

8世纪加洛林王朝到查理一世（查理大帝）时期，日耳曼人几乎占领了整个欧洲。加洛林王朝宫廷服饰受到拜占庭宫廷服饰文化的影响，他们穿着达尔玛提卡或者帕鲁达门托姆。查理大帝经常穿着拜占庭时期的丝质的服装。9世纪加洛林王朝的国王们基本上继承了查理大帝的衣着，服装以带有合体袖子的丘尼克和裤袜组合为主。加洛林王朝的女子服饰与罗马时代末期的款式基本相同。一般将麻质地的带有合体长袖的白色丘尼克作为内衣穿在里面。丘尼克也可以被作为外衣穿着，这种作为上衣的丘尼克是由达尔玛提卡变形而来的款式，在袖身和袖口装饰有很多刺绣。

三、11～12世纪服饰

（一）基督教的普及和东方文化的影响

随着基督教的传播和深入，8世纪中叶到9世纪末，西欧形成了加洛林王朝艺术。这是日耳曼人对基督教、拜占庭和古希腊罗马风格的大规模的模仿和学习，其推动人是查理大帝。

11～12世纪，基督教逐渐成为西欧势力最强大的宗教。随着教堂、修道院的建设与增加，基督教逐渐地深入欧洲人们的生活与精神世界中。统治者也凭借基督教的力量加强其封建制度的建设与统治。这一时代重视服装的观念向着更广泛的阶层蔓延，从国王阶层到神职者、大臣、有实力的商人阶层都很注重自己的服饰与穿着。

（二）哥特艺术与建筑

哥特式艺术是以基督教思想为中心的艺术风格，也是中世纪西方文化发展的顶峰。它经历了中世纪的巅峰期与衰落期并直接孕育了文艺复兴艺术。可以说基督教艺术最高成就的代表就是哥特式艺术。“哥特式”一词最早是作为贬义词出现，本意是“哥特人的”，是最早用来形容一些蛮族的词汇。后来，文艺复兴时期意大利的学者用这一词汇来形容阿尔卑斯山以北地区的一些建筑样式。“哥特式”一词逐渐演化为一种对艺术风格的形容。

基督教对建筑艺术的发展起到了重要的作用。12世纪中期～14世纪中期，哥特式建筑最为流行。巴黎圣母院可以说是哥特式建筑的代表。其建筑结构属于整体骨架式，建筑外侧有立柱、小尖塔式屋顶，建筑内部有圆形拱顶、彩色玻璃窗，整个建筑显得非常高大。这些都是构成哥特式建筑风格的典型元素。同时，哥特式样的建筑风格也影响着服装与服饰品风格及款式的变化。在中世纪的服装中很多的服饰元素都是哥特式建筑艺术在服饰上的折射，如女性的汉宁帽（Hennin）、男性的波兰那（Poulaine）。

（三）男女服饰差异的开始

从这个时期开始，西方男女服饰在款式上的区别越来越分明，女性服饰逐渐向裙装形式演变，男性服饰则逐渐向二部式样转变。由于11～12世纪的服饰中融合了东方服饰文化的元素，这个时期的服饰大多以较长的连衣裙式的款式为主。女子服饰的廓型逐渐朝着塑身、显露女性体形的方向发展。“鲜兹”（Chainse）是男女都穿着的内衬服装，外面则穿着“布里奥”（Bliaud）。除此之外，还流行一种名为“曼特”（Mantle）的斗篷（图2–6～图2–8）。

图2–6 穿着布里奥的男子（12世纪末圣吉尔斯大教堂壁画局部）

1. 女子服饰

鲜兹是这个时期女子作为内衣穿着的一种丘尼克式贯头衣，多用白色细麻布制作。12世纪以后出现了薄毛织物、丝绸质地的鲜兹。鲜兹袖型较紧，袖口有刺绣装饰和系带，领子下面多有条纹或金银丝线装饰。布里奥则是穿在外面的服饰，

图2-7 1110年左右穿着布里奥的骑士

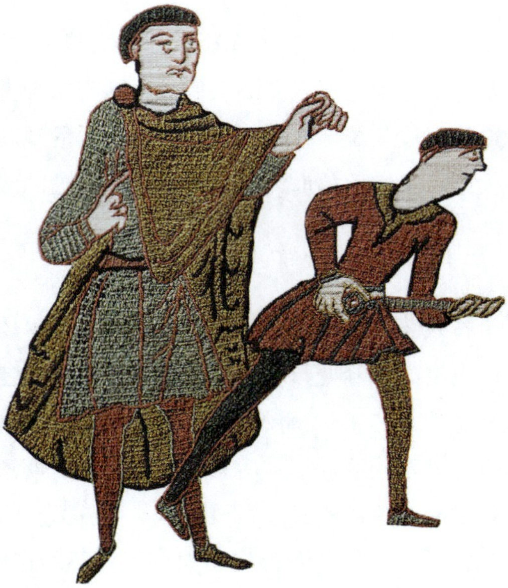
图2-8 11世纪贵族和农奴服装（刺绣挂毯局部）

一般多为薄丝绸质地，衣长与鲜兹相比略短，袖口比较宽大。布里奥上面常用熨斗熨出褶皱作为装饰。这种款式的服装衣身与袖子不是一体的，而袖子在当时可以理解为是一种装饰。有时一件衣身会配有多个袖子。为了袖子不至于拖地，也为了袖子里可以放一些物品，因此经常在袖口处做打结的处理。布里奥的背中部有系带，领口一般有刺绣装饰。布里奥款式的服装先是在法国南部流行，后传到北方。1130年这种款式的服装又传入英国，领口、袖口和下摆都有豪华的滚边或刺绣缘饰。穿着布里奥时一般要搭配一条长腰带，腰带是布里奥的一个很重要的配饰。腰带的系法是先将腰带自前向后缠绕，然后在后背处打结再将腰带绕回前面并在身体前侧的低腰位处打结。腰带一般都带有穗状装饰，打结后一般将穗子垂于身体前侧。女子穿着布里奥时一般在领口处还会佩戴一枚领花或胸花（Corsage）。女性的布里奥从结构上逐渐趋于合体，尽可能地使布里奥有收腰或者合体的效果，同时通过加大下摆来配合收腰的结构以便突出女性的身体线条。

2. **男子服饰**

这个时期男性与女性一样，同样是将鲜兹作为内衣。男子的鲜兹多以白色麻布或者薄毛织物为面料，衣长及脚踝，袖子最宽处一直到袖口是宽松舒适的廓型。鲜兹外面也穿着布里奥，男子的布里奥多为毛织物或丝绸质地，是一种非常宽松肥大的连体衣式服装。初期布里奥的袖子多为细窄型的紧身袖，到了后期布里奥的袖子逐渐变得肥大。这个时期的男子还穿着一种与裤子类似的服饰“布莱”（Braies）。布莱一般用麻布制作，裤腿宽松舒适且无裆，一般像袜子一样穿在大腿至脚踝的部分，上口用绳子系在腰里。有时还会配合穿着一种名为“肖斯”（Chausses）的长袜。

四、13～15世纪服饰

13～14世纪英国和法国出现了议会和三级会议，形成了议会君主制（又称等级君主制）国家政体。15世纪以后，由于资产阶级和贵族势均力敌，国家暂时获得一定的独立性，后英、法两国又形成君主专权，即绝对君主制。西班牙和俄国则形成了中央集权制国家。德国和意大利则长期处于分裂割据状态，大大小小的诸侯和独立的城市国家各自为政，不利于经济的发展。

当时封建制度的精神统治工具是基督教。在封建制度形成过程中，基督教得到了广泛的传播，其地位日益得到提高和巩固。随着基督教的扩张，一切异教的文化都被排斥。整个西方社会都处在禁锢的思想意识和严酷政治的统治下。13世纪，随着西方社会封建主义逐渐成熟，骑士文化等中世纪文化的代表也得到了迅猛的发展。14世纪左右，资本主义在欧洲开始萌芽。由此，新兴资产阶级逐渐登上历史舞台。为了发展资本主义政治和经济，首先在意识形态领域展开了反对封建制度和天主教会的斗争。发动了文艺复兴运动和宗教改革运动。这些运动不断冲击着封建制度，促使其逐渐走向崩溃。

（一）13世纪的服饰

1. 毛织物的进步

这个时期的服饰风格还是基本延续着前世的款式。服饰中体现着中世纪基督教的禁欲主义和严格的身份暗示。与11～12世纪流行使用的质感轻薄和飘逸的薄麻或薄丝绸织物相比，13世纪以后流行使用带有厚重感、建筑感的毛织物面料。同时，佛兰德斯地区和法国的香槟地区毛织物产业发展迅猛，逐渐成为欧洲主要服饰面料的产地。这个时期裁缝公会的成立也使裁剪、缝制技术得到了提高和发展。裁剪观念从带有二维平面性的古典东方式样逐渐改变成为带有三维空间感的合体式裁剪概念。从此西方与东方的服装在构成形式和着装观念也彻底地分道扬镳。

2. 男女服饰

这个时代的女子将12世纪流行的“鲜兹”作为内衣贴身穿着，但在这时被称为“修米兹”（Chemise）。在修米兹的外面一般穿着一种名为“科特”（Cotte）的贯头式外衣。科特是一种男女同穿的T字形贯头式连体衣。由于这个时代毛织物织造技术的进步，所以科特的面料一般为毛织物。科特的上半身较为合体，下半身则为非常宽松舒适的裙子式样的造型，腰部用腰带系紧，同时结合后背中央的系带来穿着（图2-9）。科特的衣身及袖子的部分是一起裁剪出来的，而直到14世纪扣子才被普及，因此为了使袖子从肘部到手腕处更线条更贴合人体，所以在袖子的下方通过线缝的方式来使袖型更合体。在科特的外面一般穿着织锦或缎子质地的“修尔科”（Surcot）。修尔科是一种在正式场合或外出时使用的贯头式外衣，一般多为上层阶级或贵族穿用。修尔科分无袖和有袖两种，无袖的修尔科腋下一般有开口而且开口很大，有袖的修尔科袖子的长短和袖型变化则很丰富。修尔科的面料色彩一般要与里面穿着科特的颜色相区别（图2–10）。

男性下半身则穿着类似于袜子的名为“肖斯”的长裤。从外形上看肖斯很像现在女性穿的“长筒袜”或者紧身裤。这种紧身裤无裆，脚部的形状保持了袜子的形态。这个时期的服装力图尽可能地将肌肤全部包裹起来，这是基督教严格的戒律所规定的。

图2–9 1300年左右参加婚礼的女性内穿科特外披曼特

图2–10 婚礼中的男女均穿着修尔科

（二）14世纪的服饰

14世纪的服饰逐渐从之前的简单宽松的服装款式向剪裁精良的服装款式演变。14世纪中叶以后男女服装的款式也逐渐趋于造型上的分化。法兰德斯、布鲁塞尔、伊普尔地区毛织产业的繁荣，也使得这个时期毛织物成了服装的主要面料。其中法兰德斯地区的纺织技术精湛，法兰德斯生产出来的毛织品是当时质量最好的，深受欧洲贵族的追捧。因此，法兰德斯人的服装样式也影响了当时欧洲的服饰风格。由此也在某种程度上奠定了文艺复兴之后巴黎乃至法国成为服饰流行的起点。

1. **女子服饰**

14世纪的女子与13世纪的女子一样，先穿着作为内衣的修米兹，在修米兹外穿着科特。科特外面穿一种名为“修尔科·托贝尔”（Surcotouvert）的长袍。这是一种无袖长袍，袖窿一直开到腰围线以下，胸部一般装饰宝石和毛皮（图2–11、图2–12）。这样的结构可以从侧缝看到女性腰部到臀部的曲线，随着身体的运动使女性腰部的曲线显得格外突出。修尔

图2-11 13世纪西班牙布拉斯维加斯修道院的卡斯蒂利亚皇室成员墓中的修尔科·托贝尔

图2-12 修尔科·托贝尔实物复原

科·托贝尔在面料的选择上也非常考究，服装的色彩不仅考虑面料与里料的颜色对比关系，还要考虑修尔科·托贝尔与内衬服饰色彩的搭配关系。修尔科·托贝尔无论在服装的结构方面还是服饰的色彩方面都体现着女性服饰的综合美。随着修尔科·托贝尔的出现，14世纪中叶以后出现了一种取代科特的服装款式即“科塔尔迪”（Cotardie）。这种服饰起源于意大利，从腰到臀的整个上半身非常合体，在前中或腋下用绳子收紧系合，通过加大的裙摆形成了凸显女性曲线的合体廓型。图2-13是科塔尔迪的复原图，图中服饰色彩是不对称式样的，这也是当时男女服饰中重要的装饰特征。当时还非常流行将家徽图案装饰在服装上，也是这个时期服饰的典型特征之一。当时女性头上流行戴一种圆锥形帽子，即汉宁帽，这种帽子是哥特式建筑文化在女性服装上的反映（图2-14）。

2. 男子服饰二部式的演变

西方男子的服装从14世纪中叶发生了巨大的变化。由于近百年的战争，男子服饰受到了军装和市民阶层服饰的影响，长款的服装逐渐发展为短款的上衣外套和肖斯长裤的组合。这种形式的穿着方式也是现代男装上衣和下装二部式的雏形。这种原本为士兵穿在铠甲里的名为“普尔波万”（Pourpoint）的服装，到14世纪中叶后逐渐发展成为了男性上衣最具代表性的款式，这种款式的男装一直延续到了17世纪的路易十四时代（图2-15）。

图2-13 科塔尔迪哥特式样的实物复原

图2-14 汉宁帽

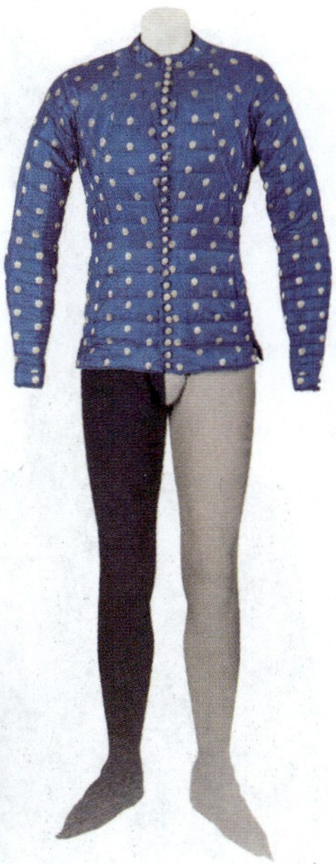

图2-15 普尔波万和肖斯的实物复原

（三）15世纪的服饰

受到古希腊、古罗马文明影响，西方出现了提倡人性回归的文艺复兴运动。这一运动几乎影响了14～16世纪。文艺复兴运动在14世纪的意大利开端，16世纪以后相继影响到了德国、法国、西班牙、英国等国家。但是文艺复兴运动对于服饰文化的影响，基本上是从15世纪末期开始的，在这之前服饰文化更多的还是受到哥特式样的影响。

1. **女子服饰**

这一时期女子服饰的特征是很深的领口，同时强调女性的细腰及高腰位，以及加大加长的裙子下摆。由于基督教的影响，人们常在衣服外披大型的斗篷，名为“曼特”（Manteau）。这种斗篷非常大，能将整个身体覆盖起来。用料多为高级的毛织物、天鹅绒。一般里料和面料色彩不同，形状为半圆形、圆形或椭圆形（图2-16）。14世纪末至15世纪中叶还流行一种名为“吾普朗多”（Houppelonde）的装饰性外衣。这种服装男女都穿，如图2-17所示，一般衣长及膝，套头穿着或者前开式穿着，有时会带有高高的领子。

2. **男子服饰**

15世纪普尔波万非常流行，这种款式的服装不但贵族穿着，同时也在一般阶层男子中普及和流行。普尔波万一般较为紧身，胸部用羊毛或麻填充使廓型带有膨胀感，同时腰部收紧，袖子与衣身通过扣子相连接（图2-18）。同时，男性们还穿着一种名为波兰那的尖头鞋，与女性的汉宁帽一样，这两种服饰都是哥特建筑在服装上的映射（图2-19）。

图2-16 女性的曼特（1435年油画《阿诺佛尼夫妇像》局部）

图2-17 吾普朗多装饰性外衣

图2-18 带有填充物的普尔波万

图2-19 中世纪男性的波兰那尖头鞋和女性的汉宁帽

第二节 中国中古服饰

一、秦、汉服饰

秦、汉时期（秦，公元前221～公元前206年；汉，前206～公元220年）封建社会基本确立，以皇权为中心的儒家服饰思想和封建服制在这个时期被法定化。秦始皇统一中国以后，促使服饰文化有了融合性的发展。秦、汉服饰在传承商周服制的基础上，吸收融合了春秋战国各诸侯国服饰风格的特点，对后世的服饰文化产生了重大影响。另外，此时的丝织技术水平已经达到了相当高的水平。西汉以后中国的丝绸由长安经河西走廊源源不断运往西方。在丝绸之路开通以前，中国的丝绸在罗马与黄金等价，只有少数贵族才可以穿用。中国丝绸和丝织技术传到欧洲后，对西方服饰的发展也影响深远。

图2–20 陕西秦始皇陵1号墓出土中级军吏俑

（一）秦兵马俑军服

秦兵马俑坑位于陕西临潼秦始皇陵东侧1.5km处，1974年被发掘。秦兵马俑属于陪葬俑。陪葬俑的形式出现于春秋战国奴隶社会后期，此时奴隶制逐步瓦解，封建制度建立，由此以俑来代替活人殉葬。秦始皇兵马俑坑坐西向东，三坑呈品字形排列。最早发现的是一号俑坑，呈长方形，坑里有6000多个兵马俑，四面有斜坡门道。一号俑坑左右两侧各有一个兵马俑坑，称二号坑和三号坑。秦兵马俑陶俑高度一般为1.8m左右，最高2m，最低1.75m。塑造精巧，神情面容栩栩如生，服饰冠履清晰可见，是研究秦时军服制度很好的资料。秦军大体可分为将军和战士两大类。军官俑则分高、中、低三级。将军俑一般身穿长襦，外披彩色铠甲，下着长裤、方口翘尖履，头上戴冠。士兵俑一般分为轻装步兵和重装步兵。士兵俑一般身穿长襦，腰束革带，下穿短裤、浅履（图2–20、图2–21）。

图2–21 陕西秦始皇陵1号墓出土军吏俑

（二）汉代的服饰

汉初期的统治者一般都较为崇尚节俭。汉文帝继位后由于经济快速发展，社会繁荣，出现了“文景之治”。随着贸易经济的发展，服饰文化也由崇尚节俭转为奢华。当时纺织品产量不断增长，加之丝绸贸易的繁荣，刺激了丝绸纺织品的繁荣。因此，一些商人的服饰甚至超越了王室的服饰用料，经常穿着锦、刺绣丝织品等高贵面料的服装。这些服饰面料本是专属后妃使用的。甚至有的富商在会见宾客时，还用高贵的丝织品裱满整个墙面，而且连家中的侍从们也都穿绣衣丝履。由于这样的行为不符合儒家思想的行为规范，因此有人建议建立儒家思想的服饰制度。这也是儒家理念的衣冠制度在中国开始全面施行的开端。

1．**汉代的朝服**

汉代的朝服为袍，基本与春秋战国时的直裾、曲裾袍款式相似（图2–22）。不同官级的官员所穿款式基本相同，只是在衣料的粗细和色彩上有所区别，如红色等级高，青绿等级低。汉代袍服与之前春秋时期的袍服相比多大袖款式，穿着时经常堆积在袖口处，袍服内一般穿肥裆大裤（图2–23～图2–26）。

2．**汉代的冠**

在中国服饰发展史中冠饰一直就是服装的重要组成部分，甚至在原始社会时期冠饰比服

图2–22 （左）湖南马王堆1号墓出土帛画
（中）马王堆出土帛画中宽袖曲裾袍复原图
（右）湖南马王堆1号墓出土乘云绣局部

图2–23 江苏徐州汉墓出土穿深衣女陶俑及服饰复原图

图2–24 灰地菱纹袍服复原图（根据马王堆汉墓出土实物复原绘制）

图2–25 湖南马王堆1号西汉墓出土朱红罗曲裾长袍

图2–26 湖南马王堆1号西汉墓出土信期绣褐罗绮锦袍

图2–27 湖南马王堆1号西汉墓出土戴斋冠木俑

装更重要。汉代由于受到儒家思想的影响对于冠饰的样式、礼仪规范作用则更为重视与强调。汉代的冠是区分等级地位的基本标志之一，主要有冕冠、长冠、委貌冠、爵弁、通天冠、远游冠、高山冠、进贤冠、法冠、武冠、术士冠、樊哙冠等16种以上。汉代冠的形式与古制不同，古时男子可以直接把冠罩在发髻上，秦及西汉时期是在冠下加一带状物与冠缨相连系于颏下。到了东汉，则先以巾帻裹头然后加冠，而秦代地位较高的人才能如此装束。冕冠是皇帝专属冠饰。汉朝极为流行一种名为“长冠”的冠饰。这种冠饰据说是汉高祖刘邦先前戴过的，因此也称刘氏冠。后被定为公以上官员的祭服冠，因此又称为斋冠（图2–27）。一般用竹皮编成。另外，高山冠是官员之冠，进贤冠是文儒之冠，武冠（武弁）是武官所戴。

3. 汉代的纺织品

图2-28 湖南马王堆1号西汉墓出土素纱禅衣

汉代的纺织品以丝织品为主，主要有平纹丝织的绢、纱，素色提花的罗，彩色提花的经锦以及起绒提花的绒圈锦。从一些保存下来的丝织品实物来看，当时丝织技术已经达到了相当高的水平，甚至还高于我们当今的丝织水平。湖南长沙马王堆1号汉墓出土了一件素纱禅衣，衣长128cm、袖长190cm，包括领袖的镶边在内仅有48g的重量，可见当时丝织技术的精细程度（图2-28）。据分析当时经丝密度在100根/cm以上的细绢来做绵袍，经丝密度在60根/cm以下的粗绢一般用来做夹袄、裙、袜。素纱则用来做禅衣。罗则是四经线相绞的绞纱织物，一般用来做袍，经锦和绒圈锦质地较厚，一般用来做镶边、手套等（图2-29、图2-30）。

图2-29 湖南马王堆1号西汉墓出土几何纹绒圈锦

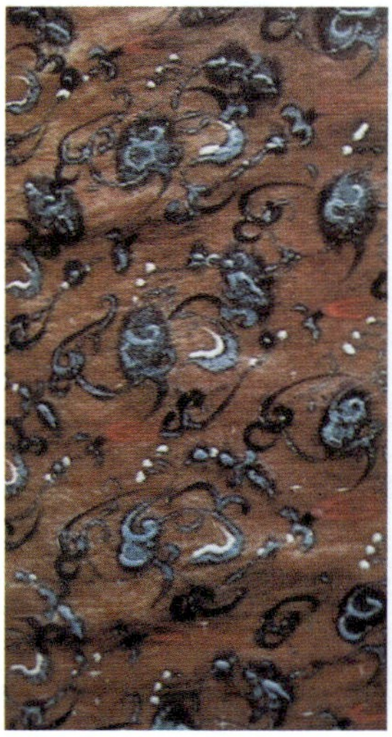

图2-30 湖南马王堆1号西汉墓出土凸纹版印墨线敷彩纱

4. 汉代的男女服饰

汉代男女服装基本沿袭了男女通用的深衣制及款式。汉代的深衣一般为右衽交领，外襟有曲裾、直裾两种（图2-31～图2-33）。汉代男子的一般服装为襦裤，女子为襦裙（图2-34）。男女都穿短上衣，上身和下身分开。汉成帝时规定青、绿色为民间常服用色，青、

图2-31 曲裾深衣穿戴复原图（根据陕西出土陶俑复原）

图2-32 窄袖绕襟深衣复原图（根据湖北汉墓出土木俑复原）

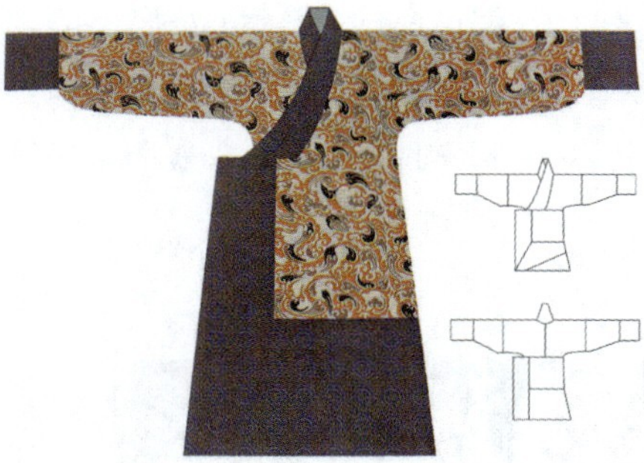

图2-33 直裾女深衣复原图（根据马王堆1号墓出土服装实物复原）

图2-34 女性襦裙复原图（根据马王堆1号墓出土服装实物复原）

紫色为贵族燕居服色。裤子在此之前多为无裆的管裤，名为袴（kù）。西汉时女子仍穿无裆的袴。后来汉昭帝时皇后为了阻挠其他宫女与皇帝亲近，就买通御医以爱护皇帝身体为名，命令宫中妇女都要穿有裆并在前后系带的“滚（gǔn）裆裤”。但是一般男子所穿滚裆裤有的裆极浅，可以露出肚脐，没有裤腰且裤管肥大。

图2-35 云南出土西汉铜雕妇女梳反绾髻

5. 汉代女子的发型

与男子的冠相呼应汉代女子的发式也非常有特点。汉代最常见的发式名为“绾髻”。这种发式一般是从头顶中央将头发一分为二，再将两股头发编成一束，再由下朝上反搭。根据这种发式的盘发方式又派生出了很多其他的发式。比如，将发髻侧在一边的堕马髻、倭堕髻，还有盘髻如旋的瑶台髻、垂云髻、盘桓髻、百合髻、同心髻、反绾髻等（图2–35）。

二、魏晋、南北朝服饰

魏晋南北朝时期（魏晋，220～420年；南北朝，420～589年）是中国历史上政权更迭最频繁的时期。由于长期的战乱，使这一时期的文化受到了很大的影响，尤其是文人阶层更是受到了冲击。比如，玄学的流行、佛教的传播、道教的兴起以及波斯、希腊等文化的传入。在魏晋南北朝三百多年的政治格局变化中，诸多新的文化因素互相影响，相互渗透融合也促使服饰文化进入了一个崭新的发展期。战争与民族大迁徙，促使胡、汉服饰文化转移交流，中华服饰文明的进程进入到发展的新时期。

（一）汉、胡服饰文化的转移

南北朝时期的胡、汉服饰文化都有着各自鲜明的特点，这两种服饰文化也是按各自不同的性质和方向相互融合、变化的。胡汉服饰文化并存且相互影响，也是南北朝时期的服饰特点。

1. 统治阶层的服装趋于汉化

统治阶级的章服制度是封建服饰文化的核心，章服制度可以很好地达到通过服饰标示统治者地位与政治权威的作用。因此，魏晋时期的统治者基本遵循与沿袭了秦、汉的章服旧制。如图2-36所示，从美国波士顿美术馆所藏《历代帝王图》中的晋武帝司马炎的画像中可以看到司马炎穿着了秦汉制的冕服，图中司马炎头戴冕冠、穿冕服，服装上同样饰有十二章纹。南北朝时期一些少数民族首领在建立了封建制政权以后，由于本民族的服饰不足以彰显其身份地位的显贵，于是也沿用了汉制的高冠博带的章服制度。486年北魏孝文帝改革了本族（鲜卑）的衣冠制度，孝文帝本人也开始穿着衮冕。

图2-36 美国波士顿美术馆藏《历代帝王图》局部

2. 劳动阶层的服装趋于胡服化

胡服多为北方少数民族的服饰，由于北方少数民族多为游牧性质的马上民族，因此服饰更注重实用性。胡服远比汉统治者所穿注重服饰礼仪的服装更易于活动，有较好的劳动实用功能。比如，鲜卑人的服饰紧身短小且下身为连裆裤，非常便于劳动。因此，胡服文化则向汉族劳动者阶级自然化转移。

（二）魏晋南北朝的主要服饰

魏晋南北朝时期带有胡、汉融合的服装非常常见，裤褶、裲裆、半袖衫都非常流行。

1. 带有典型胡服特征的服饰（裤褶、裲裆、半袖衫）

裤褶是典型的北方游牧民族的服饰。《急就篇》注褶字为：“褶，重衣之最在上者也，其形若袍，短身而广袖。一曰左衽之袍也。”从中可以看出裤褶的基本款式为上身穿着齐膝的大袖上衣，下身穿肥管裤。上衣短是为了方便骑射。这种服装原是北方游牧民族的传统服装，因此裤褶的面料多为粗厚的毛布材质。《急就篇》的注释中提到的“左衽之袍”也是少数民族服饰及胡服的一种较为典型的特征。胡服与汉族传统的右衽服饰不同，一般服装多为左衽。南北朝时裤子分为大口裤、小口裤两种款式，大口裤在当时非常时髦，但裤口过大行动非常不方便，因此外出时往往要用三尺长的锦带将裤管缚住。因此这种款式的裤子也被称为“缚裤”。此时汉族的上层社会男女也都穿裤褶，只是面料多为带有刺绣的织锦，脚下配短靴。南朝的裤褶衣袖和裤管都更为宽大，也就是广袖褶衣，随之这种款式的服饰又反过来影响了北方的服饰风格（图2–37）。

裲裆也是北方少数民族的服装之一，最早是由军服中的裲裆铠演变来的。这种服装的款式类似于现代的坎肩或背心，没有衣袖的部分只有前后两片衣襟部分。这种服装结构既可以保躯干部分的温度，也方便手臂活动，既适应北方的气候也适用于游牧民族的骑射活动，具有明显的实用性胡服文化特征。裲裆在当时也是男女皆穿的服装。女性穿着的裲裆大多装饰有彩色的刺绣，起初女性将裲裆穿在里面，后来则穿在交领衣外。半袖衫是一种短袖式样的衣衫，后来逐渐发展成为隋代的半臂（图2–38）。

图2–37 裤褶服饰复原图和北魏乐人俑穿褶衣缚裤

图2–38 北魏官人俑穿大袖衫大口裤及裲裆

2. 男、女服饰的演变

魏晋南北朝时期的女子服饰基本沿袭了汉代服饰特点，同时吸收了一些少数民族的服装式样，在传统服饰的基础上有所发展。当时女子服饰一般为上身穿衫或襦，下身穿裙子。服装造型以上俭下丰的形式为多且衣身部分较为合体，袖筒较为肥大。裙子多为褶裥裙，由于一般裙长曳地且下摆较宽松，使人感觉非常潇洒飘逸（图2–39、图2–40）。为了配合这种下摆较大的裙装，当时还非常流行用假发做各种大的发髻以及发式。当时最流行的是一种名为“大手髻”的发式。这种发式就是在自己头发基础上加上一些假发为髻（图2–41）。另外，灵蛇髻、飞天髻、十字髻等发式也非常流行。魏晋时的女子用假发来营造高大发式的服饰文化与西方洛可可时期女子的高大发式有着很多类似之处。西方洛可可时代的女子服饰也是由于裙摆加大而要通过较大发式来协调服装整体的视觉平衡感，这一点也与魏晋时的女子服饰特征很近似。魏晋时期传统的深衣男子基本上不穿着，但是贵族女性及皇室成员在一些重要礼仪祭祀活动时还要在襦、衫外加穿深色的深衣（图2–42）。魏晋时期的女子深衣在传统深衣的基础上有了一些新的变化和发展。魏晋时的深衣在衣服的下摆处加入了相连接的三角形做的飘带状装饰。同时，还要在腰部加围裳，再从围裳上加上长长的飘带（图2–43）。这种飘带往往是丝绸质地的，因此女子穿着这样的深衣走动起来的时候会显得非常的飘逸极富韵律感。这一点也与西方洛可可早期女子服饰中通过在女子罩裙的后领口处加入长至拖地的普里兹褶以增加女性走动时的飘逸感有异曲同工之妙。

魏晋以来由于社会上玄学、道教盛行，因此流行起文士的空谈之风。当时的文人无法在战乱纷争的乱世中施展治国的抱负，因此开始崇尚虚无、蔑视礼法，行为上放浪形骸。在服饰方面这些理念也影响了魏晋以后的男子尤其是文人的服饰风格。这个时期的文人经常穿着宽松的衫子，衫领敞开，袒胸露怀。

图2–39 宽袖对襟女衫、长裙复原图（根据出土陶俑复原）

图2–40 大袖衫、间色条纹裙复原图（根据莫高窟壁画复原）

图2-41 南京出土陶俑作鸦鬓高髻

图2-42 东晋顾恺之洛神赋图卷局部和大袖宽衫复原图

图2-43 魏晋带三角形飘带女子深衣复原图和顾恺之《列女仁智图》局部

魏晋时期劳动阶层的服饰为了劳作方便多以衫、袄配以长裤或劳作裙为主，面料多为麻、褐、绢。服饰纹样与服装款式一样都是反映服饰文化面貌的标志，南北朝时期由于胡、汉民族的交融，服饰纹样风格也发生了较大的变化。典型的纹样骨架样式一般多采用圆、方、菱形等对称的波浪式几何骨架，再在骨架处填充动物纹或滑草纹。这类纹样骨架形式虽然在汉代已经出现但并不是最主要的纹样形式。纹样题材上有具有传统汉代特征的山、云、动物纹样，也有具有阿拉伯装饰特征的圣树纹样，还有宗教题材的天王化生纹样。

3. 冠帽形制的演变

魏晋南北朝时期统治阶层的冕冠制度基本上承袭了汉代的遗制。但是在原有冕冠形制的基础上有了一些变化。首先是巾帻后部逐渐加高，体积缩小至头顶，这种冠饰被称为“平巾帻”或“小冠”，当时这种小冠非常流行。后来又在小冠上加一种用黑漆细纱制成的笼巾，被称为笼冠或漆纱笼冠。

三、隋、唐服饰

589年隋文帝结束了汉末以后的分裂局面，建立了隋。经过20年左右的休养生息，国家的经济得以恢复和发展，也为将来的隋唐盛世（隋，581～618年；唐，618～907年）打下了很好的基础。在服饰发展方面隋代服饰是唐代特征服饰文化的开端。

唐初经过贞观、开元两个阶段，社会经济得到极大的发展，出现了空前繁荣的景象。文学艺术、唐诗、书法、洞窟艺术、工艺美术、服饰文化等都有了很大发展。当时长安是国际性城市，也是亚洲甚至世界的经济文化中心。唐代服饰是在隋代服饰的基础上发展开来，由于国家富强，人民充满民族自信心，对于外来文化采取开放政策，服饰文化也在继承传统的基础上，吸收融合域外文化，推陈出新。到盛唐阶段逐渐形成了以大唐民族传统文化为主导，对外开放，包容吸收胡服特征的服饰文化。

（一）隋代的服饰

1. 章服制度

隋代为彰显皇帝的威严恢复了秦、汉时期的章服制度。南北朝时曾将周制冕服制度中的十二章纹中日月星辰的纹样放到了旗帜上，到了隋炀帝时又将其用到了冕服上改为了九章纹样。将日月分列于两肩，星辰列于背后，从此寓意为“肩挑日月，背负星辰”的冕服就成为之后历代皇帝的既定款式。文武官员的朝服为绛纱单衣，头戴进贤冠，以冠上的梁脊来区分官品高低。男子官服还在单衣内襟领上衬一种半圆形的硬衬，名为“雍领”。

2. 女子服饰

隋代的女子服饰多为小袖的高腰长裙，裙腰系到胸部以上，外披帔风或小袖衣（图2-44、图2-45）。宫内女子则流行穿着一种名为“半臂”的服饰。所谓“半臂”就是指将短袖衣套在长袖衣外面的穿着方式。下穿一种大下摆的长裙，名为“十二破裙”（仙裙）。民间女子一般穿着一种青裙。女子外出时还要戴一种吸收了南北朝胡服特征的罗质面纱。

（二）唐代服饰

1. 冠服制度及男子服饰

冠服制度一直是封建社会权力等级的象征，到了唐代依然将儒学思想作为封建精神的支柱，强调衣冠制度必须依寻古制。唐高祖李渊于武德七年颁布了“武德令”，其中规定了服装应遵循的律令，如“天子之服十四，皇后之服三，皇太子之服六，太子妃之服三，群臣之

图2–44 1952年陕西出土隋彩绘女俑穿小袖衫高腰裙

图2–45 隋代短襦、长裙、披帛女服复原图（根据陶俑及壁画复原）

服二十二，命妇之服六”。唐代明确了天子十四种冕服、皇太子的六种冕服以及皇后、皇太子妃、命妇的礼服制度。在《旧唐书·舆服志》中详细记录了不同等级冕服的使用场合。另外，除了重要礼仪活动时所穿用的冕服沿袭了隋代旧制以外，在一般场合穿着的公服和皇帝平时燕居时的生活常服，是唐代冠服制度的新特色。这类常服吸收了南北朝以来在中原地区流行的胡服特征，尤其是鲜卑的民族服饰以及中亚地区一些国家的服装某些元素，与中原传统服装相结合，形成了具有唐代特色的服装新形式。比如，圆领袍、缺胯袍、半臂、大口裤都是典型的款式。其最为代表的款式名为圆领衫、袍。这种袍服是在古代深衣传统样式的基础上结合了少数民族服饰的元素。其款式为圆领口，在领子、袖口、衣边缘都加了贴边，前后身都为直裁，在前后襟下摆处用整幅布拼接成横襕，腰部用革带束紧，衣袖有直袖、宽袖两种。这种圆领袍服从皇帝到侍从都可穿。另外一种比较有代表性的男子服饰为缺胯袍。这是一种直裾且左右开衩的长袍，穿着时一般搭配幞头、革带、短靴。受到少数民族服饰影响的开衩结构，使得此种袍服非常易于活动，因此缺胯袍也是唐代男子最常见的服装款式（图2–46、图2–47）。

服饰色彩在唐代也被作为服饰文化重要的组成部分，其特征也显得尤为突出。在唐以前，皇帝的冕服为黑色和红色，黄色并不是统治阶层的专属色，各阶层都可使用。但是唐代开始认为黄色是最接近太阳的颜色，而太阳又象征着皇帝的至高无上的地位。因此，唐代将黄色固化为皇室专属色，寓意着“天无二日，国无二君”。除了皇室专属的黄色之外，还以

图2-46 圆领袍衫及幞头复原图（根据陶俑及画卷复原）

图2-47 阎立本《步辇图》局部

服装的颜色来区分官品的高低。比如，亲王至三品用紫色绫罗制作，腰用玉带钩。五品以上的官服用朱色绫罗制作，腰束金带钩。七品以上的官服则用绿色，腰用银带钩，九品官员的服装则用青色，配以石带钩。

2. **冠帽制度**

秦汉初期身份高贵的人戴冠、身份低微的人戴帻。帻最早是一种包头布，到了隋代这种包头布逐渐变形为幞头并在唐代得以发展和流行。沈括在《梦溪笔谈》中形容：“幞头一谓之四脚，及四带也，二带系脑后垂之，二带反系头上，令曲折附顶”。也就是说幞头是一块四角形的包头布，四角有带子，两条带子系到脑后自然垂下，两条带子绕回到头顶打结做装饰。唐代的幞头造型不断变化，当时社会上流行高冠峨髻的风尚，因此就在幞头内衬以一种薄而硬的帽子坯架，由它决定幞头的造型再在外面包裹巾子。这类幞头多用黑色薄质的罗、纱制作。也有专门做幞头的薄质幞头罗、幞头纱。后来，又将幞头垂下的两脚内加以铁丝做骨，再衬以绢，使之可以翘起硬脚，又称之为翘脚幞头。这种翘脚幞头在五代时期广为流传。幞头起初由一块包头布逐步演变成衬有固定帽身骨架的造型，奠定了中原民族冠帽形制的基础。这种形式的冠帽一直流行到17世纪的明末清初，最后才被满式冠帽所取代。除此之外，进贤冠也是中华服饰史中重要的冠式。这种冠饰在汉代也颇为流行，上至公侯下至小吏都戴进贤冠，魏晋南北朝时同样很流行。到了唐代仍有重要地位，后来逐渐在形式有所变化直到明代则演变成了梁冠。另外，当时的武弁、平巾帻、通天冠也都是唐代常见的冠饰。

3. 女子服饰

唐代女子的冠服制度与唐代男子冠服相辅相成，同样沿袭了传统的冠服礼仪制度。唐代女子的生活装束是唐代服饰中最具特色的服饰之一。其服饰风格多样，在传承中原民族服饰文化的基础上，吸取西域服饰文化的元素加以创新发展，也反映了唐代服饰文化的主流特色。与服饰风格相呼应的唐代女子的发型与化妆也是唐代服饰文化的重要特征。造型极其华美，品类也极为丰富，曾被当时诗人誉为“时世妆”。

图2-48 翻领对襟胡服、条纹裤复原图（根据陶俑、壁画复原）

图2-49 1955年西安出土唐三彩女乐俑和其所着袒领半臂及胸襦裙服饰复原图

（1）襦、袄、衫：襦、袄、衫都是与裙装配套的上衣样式。襦是一种衣身窄小的短夹衣。袄则是长于襦短于袍的中长款上衣，衣身较宽松。唐代的襦袄领型大多受外来少数民族服饰的影响，除交领、方领、圆领等中原传统服饰领型外，还有各种形状的翻领。翻领上经常装饰着奢华的刺绣或拼锦纹样，使得服装高贵、华丽。如图2-48所绘女子服饰是典型的胡服样式，流行于开元、天宝年间。其特征是翻领、对襟、窄袖、锦边。当时穿着这种服装的女性腰间多束有革带，中间还常有小带垂下，这本是北方少数民族的装束，魏晋时传入中原，唐代非常流行。唐代的衫是一种无袖的单衣，一般夏天穿着，有对襟、右衽两种。春秋季时也可穿在外面，但与穿在外面的短袖衫有所不同，短袖衫则称为褙子或半臂（图2-49）。

（2）高腰裙装：在以丰腴为美的美学理念下，唐代的衣裙款式从初唐到盛唐在风貌上有一个从窄小到宽松肥大的演变过程。高腰也是唐代裙装结构上的明显特征。唐初期流行较为紧身窄小的高腰裙。这时的高腰裙呈现高腰、束胸、合体的特征且裙摆及地，可以很好地衬托女性身体的曲线美。为了更好地适合女性曲线，出现了在裙子下摆处呈现弧形的褶斜裙或喇叭裙。中唐以后，人们的审美意识发生了变化，逐渐形成了风姿以健美丰硕为尚的新审美观念（图2-50）。这种新的审美意识从绘画风格一直波及服饰风格。到盛唐时，流行大髻宽衣，尤其裙装则越来越肥大。高腰裙逐渐演变为一种宽体长裙。这种宽体长裙，通常要用5幅丝帛缝制，最宽可达12幅。裙宽甚至可达3.48m左右。通过在高腰处收紧多幅面料的宽度而使裙子达到一种中间膨胀两头缩紧的O字廓型（图2-51）。由于宽体长裙一般为曳地式，加之被抽紧的布幅堆积在下摆处，因此穿着这样肥大的裙子走路非常不方便，所以要搭配一种“高头丝履”，丝履前一般有一个高起的鞋头部分，让鞋头勾住裙子的下摆才能方便迈步走路。同时，为了配合宽体长裙，唐代女子也佩戴假发、梳高髻且发式上还要插很多头饰。除此之外，唐代的高腰裙装还有半露胸的款式。有很多诗句描述了唐代穿着半露胸式女裙的女性美与妖娆。比如，“慢束裙腰半露

图2-50 中唐女子襦裙、披帛复原图

图2-51 张萱《捣练图》局部

图2-52 《簪花仕女图》局部和《簪花仕女图》大袖对襟纱罗衫、长裙复原图

胸”“胸前瑞雪灯斜照”“粉胸半掩凝晴雪”。从唐代周昉所绘的《簪花仕女图》可以看到半露胸式高腰裙的流行（图2-52）。

（3）帔帛、半臂：由于唐代高腰裙的流行，因此出现了一种类似现代披肩的服饰配件就是帔帛。女子在穿着高腰裙时经常在肩部披挂一件帔帛，披挂方式也多种多样。帔帛也是由西域传入的一种服饰。半臂是一种类似短袖衫的服装，穿着时一般将这件短袖衣穿在长袖衫的外面。半臂在服装功能上减少了多层衣袖的厚度给人活动上造成的不便，既符合美学要求也有一些使用功能上的便利（图2-53、图2-54）。

（4）女着男装及舞蹈服：唐代的着衣观念在整个中国服饰发展史中都是最为开放的时代。当时无论从服装款式、穿着方式还是发型、化妆等方面都反映着唐代人开放、包容的服饰观念。其中女装男性化就是唐代社会思想开放的典型例证。当时的女性非常流行穿着男性的服饰或者胡服，彰显了唐代女性大胆前卫的时尚观。这种穿着方式在当代的时尚界仍然是非常前卫的理念，但唐代女性早在一千多年前就已尝试这种时尚观念了。《新唐书·舆服志》中记载“宫人从驾皆胡冒（帽）乘马，海内效之，至露髻驰骋，而帷帽亦废，有衣男子衣而

图2-53 中晚唐披帛穿戴复原图（根据莫高窟壁画复原）

图2-54 襦裙、半臂穿戴复原图

靴如奚契丹服”（图2–55）。另外一个体现唐代多元包容服装观念的例证就是唐代的舞蹈服饰。唐代舞蹈艺术发展迅速，也带动了相关服饰的发展。舞蹈服装从款式、面料、配饰等方面融合了胡服、西域服饰等多种元素，塑造出了丰富多彩、风格多样的舞蹈服饰（图2–56）。

（5）发型与化妆：隋唐时期女性对头部装饰及面部的化妆都极为重视。唐代化妆曾被称为“时世妆”，说明当时化妆的种类丰富、风格变化多样（图2–57、图2–58）。当时女性化妆的步骤为：敷铅粉、抹胭脂、涂鹅黄、画黛眉、点口脂、描面靥、贴花钿。唐代女性的发型也极为丰富，不同的发式都有相应的名称。这些发式甚至一直影响到五代和北宋末年的发式风格。唐代依然盛行高髻，高髻造型不仅通过填充假发来塑造，为了脱戴方便还做成了一种假髻，称“义髻”。

图2–55　陕西出土唐彩绘胡装俑

图2–56　新疆出土泥头木身着舞衣女俑

图2–57　吐鲁番出土唐木俑

图2–58　敦煌莫高窟壁画局部

四、宋代服饰

到了宋代（960～1279年）封建社会制度已经开始走向衰落。中国服饰发展进程中封建服饰意识的更加固守和封闭，官服制度逐渐僵化。五代时出现的女性缠足的畸形风俗在宋代被普及、推广。这时期民间的手工印染技术有所发展，蓝印服装和民间刺绣服装也是当时服饰的特征。

（一）冠服制度

宋代的冠服形制大体沿袭唐代的冠服制度，冕冠沿袭了汉代以后的变化。根据使用性质和场合主要分为祭服（冕服）、朝服、公服、时服、戎服、丧服。最正式的冕服依然延续大裘冕、衮冕、毳（cuì）冕、玄冕等类别。宋代的朝服形制为绯色罗袍裙腰间束带并系绯色罗蔽膝，方心曲领，配进贤冠，手持笏（hù）板（图2-59）。宋代公服（常服）基本延续唐代的款式，同样用服装颜色区分官品高低。形制为曲领大袖袍、头戴幞头，但与唐代不同的是圆领内有内衬。宋代命妇的服装与官服等级一致（图2-60、图2-61）。其冠饰比较有特点，宋徽宗时期规定命妇要戴花钗冠。花冠起源于唐代，到了宋代非常流行（图2-62）。宋代花冠多用罗帛制的仿真花装饰。随着花冠的流行甚至男子也开始流行头上簪花，当时从帝王到公卿百官、骑从卫士无不簪花。

（二）男子服饰

宋代男子比较常见的服装有袍、襦、袄。宋代的袍服款式上还是延续了之前朝代的基本样式。袍的长度一般到脚踝，袍分里、面两部分（图2-63、图2-64）。袍的

图2-59　根据《历代帝王图》复原宋代皇帝朝服

图2-60　根据莫高窟壁画复原宋代贵妇服饰

图2-61　根据山西永乐宫壁画复原宋代贵妇服饰

图2-62　宋仁宗皇后像局部

图2-63 根据宋代石刻画复制宋代展脚幞头、大袖襕袍服饰

图2-64 宋理宗坐像局部

款式有两种：一种是衣身和袖子较宽松的款式，另一种则是相对紧身袖子较窄的款式。襦和袄是一种长度及膝的夹衣或棉衣。还有一种用麻织物或毛织物制作的名为“褐（hè）衣”的服装，这是一种袖子较小衣身较窄的短衣，多为文人、道家隐士穿着。还有一种名为“直裰（duō）”背部的中缝线一通到底的无横襕的长衫，也是宋代文人的典型服装。另外，宋代男子穿着的衫一般分两种：一种穿在里面比较短小，另一种穿在外面较长。唐代流传下来的褙子到了宋代则变为腋下开衩的长款服装，半臂则变为一种短袖式的长款服装。

（三）女子的一般服饰

宋代女子的服装也以襦、袄、衫、褙子为主，下身服装多为裙、裤。宋代女子的襦、袄都比较短小，但是颜色比较丰富，主要有红、紫、黄等颜色（图2-65）。衫是宋代女子最常用的上衣款式。宋代的女子穿用的褙子比较有特色。宋代的褙子从皇帝、官吏、商人、士人、仪卫到一般的男性女性都可穿。女子将褙子作为常服穿着。宋代的褙子一般为长袖、长衣身，在腋下开衩（图2-66、图2-67）。在腋下有带子可以将前后襟系住，但一般不用只起装饰作用。褙子的领型有直领对襟式、斜领交襟式、盘领交襟式三种，女子一般穿直领对襟式的褙子。宋代女性还穿一种对襟旋袄，款式为对襟、窄半袖、长度过膝。宋代裙子多为褶裥裙（图2-68、图2-69）。为了增加褶裥的效果所以制作裙子的布幅非常多，有6幅、8幅、12幅等。还有一种前后开口的裙，称为旋裙。宋代由于家具种类的发展，椅子、凳子的出现使人们从过去的座席、榻转变到垂足而坐，出门由乘马改为坐轿，生活节奏也逐渐加快。之前的裤子大多都是无裆的，无法适应新的生活方式，因此裤子的结构发生了变化，有裆的裤子更适合新的生活方式（图2-70）。按封建传统意识裤子是不能直接穿在外面的，宋代上层社会的女子在裤子外要加穿长裙遮挡。

图2-65 宋代女子窄袖短襦长裙复原图

图2-66 福州出土南宋灰绉纱滚边褙子

图2-67 褙子穿戴复原图

图2-68 江西出土印花折枝花纹纱裙

图2-69 福州出土南宋印花褶裥裙

图2-70 福州出土南宋女开裆裤

（四）女子头饰与缠足

宋代的女子不但沿袭了唐代的头饰风格，而且把冠又做了发展，崇尚高大的花冠。冠越来越高，有的高达100cm，与肩同宽，冠上要饰满绢花。发髻的形式也是非常高，而且使用假髻并包布以做装饰。如芭蕉髻、三寰髻、双环髻、双垂髻、包髻、宝髻等。宋代缠足风俗开始在贵族妇女中流传，这是封建社会畸形的审美意识的开始。

思考题

1. 简述中世纪西方服饰文化特征。
2. 简述魏晋时期中国服装文化特征。
3. 列举哥特时期的服饰风格。
4. 列举代表汉胡服饰融合的典型服装款式。

第三章　近世服饰

课题内容： 1. 西方近世服饰

2. 中国近世服饰

课题时间： 12 课时

教学目的： 使学生了解近世中西方各时期的社会背景，并掌握近世中西方各时期服饰的不同风格与特征。

教学方式： 理论讲授、多媒体课件播放。

教学要求： 1. 了解近世中西方各时期的政治、宗教以及社会背景。

2. 了解近世中西方各个不同时期服饰风格的特征与变化。

第一节 西方近世服饰

一、文艺复兴服饰

（一）西方服饰的新发展（15～16世纪）

在14～16世纪，英国亨利八世掀起了宗教改革运动，也在一定程度上推动了西方社会从中世纪向近代过渡的进程。15～16世纪整个欧洲的传统天主教世界观开始趋于动摇，许多欧洲的学者要求恢复古希腊和古罗马的文化和艺术，文艺复兴运动由此兴起。文艺复兴运动、新航线的发现、宗教改革是西方社会向着“近代”发展的契机。

文艺复兴是一场起始于14世纪早期到15世纪末达到顶峰并一直延续到16世纪的思想文化运动。文艺复兴时代是科学与艺术革命的时代，揭开了近代欧洲历史的序幕，也成为中古时代和近代的分界。文艺复兴运动的主旨就是“人文主义”。人文主义反对中世纪的神权主义，提倡以人为本、以人为中心的精神理念，提倡从中世纪宗教的、封建的束缚中解脱出来。注重人性以及个性体现的人文主义精神几乎影响了当时社会的各个层面，尤其对于艺术和服饰领域的影响更加深远。随着人们越来越强调自我意识，服装服饰流行的重要性也日益突出。中世纪各国的服装款式各有千秋，到了文艺复兴时期服装样式又开始趋于统一。交通运输越来越方便快捷，奢侈品借此不断扩张市场，人们开始追求流行。裁缝同业公会在这个时期已经出现，势力强大的裁缝公会首先制定了服装裁剪的标准，裁缝则根据这些标准按客户需求来为他们制作服装。

15世纪葡萄牙探险家瓦斯科·达·伽马发现了新的欧印航线，加快了西方与东方国家的交流。随着新航线的发现，当时的西方社会非常流行奢华的东方服饰配件，比如中国的折扇。这些东方饰品很快风靡了整个欧洲的上流社会。

中世纪后期，在生产力发展等多种条件的催生下，资本主义萌芽首先在欧洲的意大利出现。资本主义萌芽的出现为文艺复兴思想运动的兴起提供了可能，也为文艺复兴的发展提供了深厚的物质基础和适宜的社会环境。此时欧洲西北沿海地区的国家（广义上包括荷兰、比利时、卢森堡以及法国北部及德国西部，狭义上则仅指荷兰、比利时、卢森堡三国，合称“比荷卢”或“荷比卢”。）是北欧、西欧、南欧的重要商业中心。佛兰德斯地区的毛织物贸易非常的繁荣。

虽然文艺复兴时期意大利、西班牙、法国、英国等各国的服饰都不尽相同，但是有一个共同的特征就是通过使用人工辅助性器具将人体廓型塑造成夸张廓型。这也是文艺复兴时期男女服饰最典型的特征。此时男性的服装在剪裁上开始强调强健的体魄。为了让肩部和胸部更显宽阔，往往在衣服里填塞入干草，在腰部系上皮带。这个时期的男女服饰上都使用斯拉修、填充物、拉夫领等装饰。由于文艺复兴运动开端在意大利，所以意大利的服饰风格成为欧洲服装的主流。后来美洲新大陆被发现，西班牙逐渐取代了意大利成为引领欧洲服饰流行的国家。同时，在法国从弗朗索瓦一世到亨利四世时期以及英国从亨利八世到伊丽莎白一世时期，都受到了西班牙服饰风格的影响。

（二）意大利的服饰

15世纪文艺复兴迅速传遍了西欧，其中心主要集中在意大利北部、中部的几个城邦，佛兰德斯成为当时重要的艺术、商业中心，也是繁荣的面料中心。佛兰德斯在当时是欧洲最奢华织物的产地，其纺织原料多为英国进口的羊毛。

文艺复兴时期，男子的装束主要是衬衫（夏次）、上衣（普尔波万）、裤袜（肖斯）。衬衫一般被作为内衬的服饰穿着，质地一般为麻质面料，在服装的边缘一般装饰着金色、黑色、红色的丝线刺绣，领子一般为圆形或V形。衬衫外一般穿着普尔波万，下身穿着肖斯。肖斯很紧身，有时搭配半长靴穿着。此时男子服饰的重心侧重在上半身。普尔波万成了从15世纪中期以后到17世纪男子的主要服饰（图3–1）。这个时期的普尔波万一般较短，衣长及臀，领子有圆领、立领等形式，衣身则逐渐向横宽发展，袖子上都装饰着一种名为“斯拉修”（Slash）的装饰，这也是这个时期的独特装饰。这种斯拉修装饰是文艺复兴时期最具影响、流行时间最长的服装装饰。这种装饰缘于1477年查理斯的第一次战败经历。瑞士人在南希战胜查理斯的部队后，剪破查理斯部队的帐篷、华丽的旗帜以及奢华的军服，用这些碎片来缝补他们自己衣服的裂口。从这一刻起带有斯拉修装饰的，所谓“开缝”或者“切痕”的服饰开始流行起来（图3–2）。人们把衣服的接缝处拆开或在衣服上故意开缝。斯拉修将

图3–1 男装二部式普尔波万和肖斯的组合（1470年的绘画作品局部）

图3–2 带有斯拉修装饰的男子服装（萨克森公爵画像，1514年）

衣服的衬里显露在外面，使作为内衣的修米兹与外衣的面料色彩形成鲜明的对比。带有斯拉修装饰的服饰在文艺复兴时期适用于男女各类服饰，在男子服饰中尤为流行，并成为文艺复兴晚期最具特色的服装与装饰。

这个时期意大利女装最具代表性的特点就是将精巧的设计与奢华面料完美地结合。这个时期的服饰面料非常奢华、精美之极，包括带有华丽刺绣的天鹅绒和软缎、绫、用金线镶嵌珍珠的织物等。从北欧、俄罗斯等地传入的黑貂皮、松鼠、狐、山猫、山羊的毛皮也是贵族们常用的服饰材料。从东洋进口的珍贵宝石、法国豪华的织锦都是当时服饰上流行的装饰。这些绸缎和天鹅绒大多是在威尼斯制作的。女子流行穿一种连衣裙，称为“罗布”(Robe)，这种连衣裙一般领口呈一字形或V字形，腰位较高，衣长及地，袖子一般与衣身分离用系带方式与衣身相连，在袖子的肘部等部位有很多的斯拉修切痕装饰，从这些带有斯拉修的部位可以看到里面白色的修米兹（图3–3、图3–4）。

图3–3 意大利罗布罩裙

图3–4 带斯拉修装饰的V领罗布

（三）西班牙服饰

随着欧洲绝对王权的确立，西班牙逐渐成为欧洲强国，而西班牙的服饰也成为贵族服饰的典范。西班牙样式的服装也影响着这一时期欧洲诸国的贵族服饰风格。

1. **西班牙男子服饰**

西班牙男子服饰的主要款式为普尔波万、肖斯以及西班牙风格的外衣凯普。这个时期的普尔波万还是沿袭了16世纪初时的紧身合体的廓型，并在腰部加入了巴斯克（Basque，裙裾式下摆）的造型，使普尔波万的廓型从腰部开始出现了裙裾式的下摆（图3–5）。当时制作普尔波万的面料多为软缎、天鹅绒、塔夫绸、织锦以及意大利产的丝织物。后来由于过分地使用意大利产的奢华面料，欧洲全境颁布了以限制服装面料和品质为主的法规，禁止使用过于奢侈的面料制作服装。同时各个国家为了避免大量购置意大利产的奢华面料而使国内资本外流，因此都各自在国内设置了政府指定的织物工厂。法国在里昂设立了政府指定的织物工厂，德国在迈森设立了政府指定的天鹅绒织物工厂。男子服饰中出现了一种穿在肖斯外面，带有膨胀造型的短裤，名为“布里齐兹”（Breeches）或者“奥·德·肖斯”（法语Haut de Chausses）（图3–6、图3–7）。这种短裤通过使用大量的填充物来塑造极为膨胀的造型。这种布里齐兹短裤裆部的结构非常特殊，要用一块倒三角形的布来遮挡裆部，这块布

图3–5 1560年加入巴斯克裙裾式下摆的普尔波万

图3–6 1564年西班牙风格男装

图3–7 1560年绘画的西班牙风格男装

名为“科多佩斯”（Cod Piece）。科多佩斯上一般装饰有斯拉修，也会使用填充物使其造型越来越夸张。同时还装饰着奢华的刺绣纹样以及镶嵌各种宝石和珍珠作为装饰。科多佩斯是这个时期男子服饰的标志性装饰，也以此来彰显男子的第一性特征（图3-8）。在宫廷中男子穿着的肖斯质地一般为丝绸。随着英国发明家威廉·李（Welliam Lee）在1589年发明了手工针织机，肖斯的面料也逐渐开始流行毛织物材质。此时斯拉修的装饰被更广泛地使用，在服装上科多佩斯、短裤、鞋、帽子上都普遍使用。与此同时，填充物的使用也跟斯拉修一样广泛。填充材料以麻、毛为主，主要使用在服装的肩、袖、腰、腹等部位。1570年以后斯拉修和填充物的装饰达到了全盛期，服装中还出现了一种颈部的装饰“拉夫领”（图3-9、图3-10）。

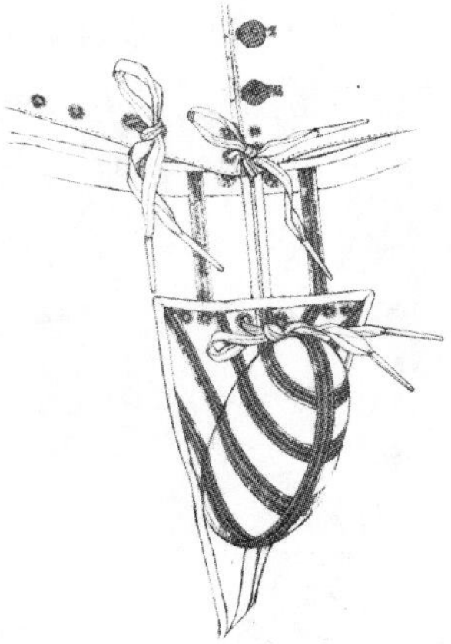

图3-8 科多佩斯内部示意图

图3-9 蕾丝拉夫领

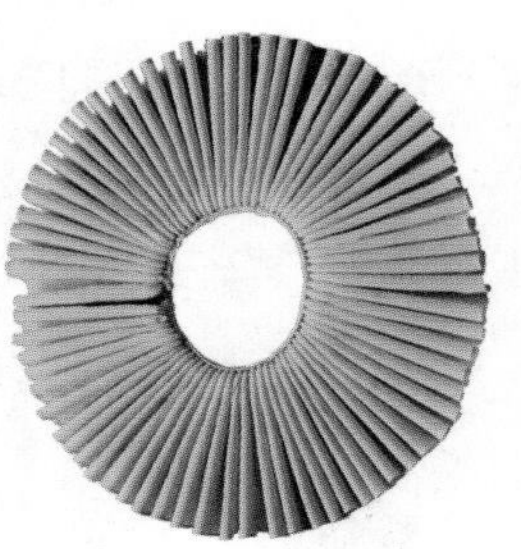

图3-10 棉质拉夫领

2. **西班牙女子服饰**

与意大利注重显露女性胸部的服装风格相比，西班牙样式的服装则是通过紧身胸衣，用人工的方式将女性腰身束紧，塑造一种带有几何感的形式美廓型。西班牙样式的罗布也称为“萨亚”，在造型上将人体塑造成了上下两个圆锥形。如图3-11所示，西班牙女王安娜穿着黑色的西班牙式样萨亚。萨亚分为上下两个部分，通过腰围线相连接，以此来表现几何感的线条。罗布下半部分的裙子呈圆锥形造型，而整个裙子不出现一个褶皱（图3-12）。与之相对上半身则使用束腰的紧身胸衣“巴斯克依奴”（Basquine）将女性上半身的线条塑造成几何感的V字形。女性的腰被勒得很细，胸也被包裹在平整的倒圆锥形的巴斯克依奴里。最初将多枚硬木、鲸须、金属、象牙等材质的条状物插入用来制作巴斯克依奴里的两片厚麻布中，这也就是紧身胸衣的基本形式（图3-13、图3-14）。16世纪前后，曾经出现过为了矫形用的钢铁制的紧身胸衣。裙子的部分为了塑造几何感的造型，在裙子里面使用了名为“法勤盖尔”（Farthingale）类似吊钟的圆锥形裙撑。这种裙撑最初是在厚的亚麻布上缝进鲸鱼须做龙骨，有时也用藤条、棕榈、金属丝等材料做骨架。通过一些辅助道具将女性身体造型改变，用服装将人体自然的曲线掩盖住，也是文艺复兴时期西班牙服装风格的重要特点。

图3-11 西班牙女王安娜画像

图3-12 西班牙风格女装

图3-13 女性胸衣实物照片

图3-14 巴斯克依奴内部剖面图

（四）法国服饰

1. **法国男子服饰**

法国在经历了弗朗索瓦一世和亨利二世时期后进入了绝对王权时代。弗朗索瓦一世被誉为“法国历史上最会穿着的君主”。如图3–15所示他穿着的普尔波万剪裁非常合体，斯拉修的使用恰到好处，里面穿着的白色衬衣似隐似现。在亨利三世时代，法国正处在宗教战争时期，以宫廷服饰为中心流行“矫饰主义”的美学理念。这种理念极大地影响了人们的着装意识。亨利三世是瓦卢瓦王朝的最后一个王，他也是“宫廷小丑”形象的首创者。在宫廷的一些庆典活动中，他描眉、精心将胡须修剪成鬓须，在脸上扑红色的粉，喷浓郁的香水，戴着耳环拿着手袋。

图3–15 文艺复兴时期法国式样男装（弗朗索瓦一世画像，1515年）

2. **法国女子服饰**

法国女子的罗布形式上基本与西班牙式罗布相仿，但是裙撑的部分发生了一些变化。法国人创造了一种新的裙撑形式名为“奥斯·克尤”（Haussecul）。这种裙撑是用马尾织物做成的像轮胎一样的造型，里面塞满填充物并用铁丝定型。这种裙撑穿在修米兹衬裙外，再在外面穿上罩裙罗布，形成了与西班牙罗布不同造型的裙型。由于这种新式的裙撑使用起来更加方便，因此在法国上流社会非常流行（图3–16）。

图3–16 法国式样女裙

（五）英国服饰

1. **英国男子服饰**

英国的亨利八世时代（1509 ~ 1547年）强调男性特征的“箱形”廓型的服装非常流行。就像汉斯·荷尔拜因给亨利八世所画肖像画上所描绘的一样，如图3–17所示亨利八世上半身的服装呈现长方形的所谓“箱形”廓型，而下半身则呈现紧身的廓型。从这张肖像画中可以看到当时男子服装基本的构成。这种廓型是因为受到了德国和瑞士服饰风格的影响（图3–18、图3–19）。当时英国男子由内向外依次穿着夏次（Shirt，内衣修米兹变短）、达布里特（Doublet，普尔波万改用的名称）、霍斯（Hose）。在达布里特外面穿着夹克（Jacket）或夹肯（Jerkin）。在一些特殊场合、仪式以及特殊气候的情况下会在最外面穿着嘎翁外套（Goun）。为了露出内衬的夏次，所以达布里特的领口一般开得都比较低，下摆呈椭圆形像裙摆一样敞开。亨利八世时代的达布里特胸部非常伸

图3–17 亨利八世画像（汉斯·荷尔拜作）

图3–18 英国亨利八世时期男装（1533年油画《大使们》局部）

图3–19 16世纪中期萨克森王子服饰

展，衣身上有很多刺绣装饰。同时斯拉修呈“O”形，露出里面白色亚麻布的修米兹。伊丽莎白女王时代的达布里特与亨利八世时代不同，衣身变得较短，呈“V”字形，袖子较窄，同时出现了高高的拉夫（Ruff）领，搭配达布里特穿着（图3-20）。英国男子服饰在文艺复兴末期出现了一些往巴洛克风格过渡的款式，如图3-21所示，图中所绘的是第四代多塞特伯爵，画中反映出当时男子的拉夫领逐渐变为蕾丝的大翻领，领口、袖口以及霍斯上也都装饰着蕾丝或刺绣。男装上的装饰越来越多，这也是之后巴洛克风格的特征之一。

图3-20 伊丽莎白时期的男装（1560年罗伯特·达德利伯爵画像）

2. **英国女子服饰**

英国女子的服饰在亨利八世和伊丽莎白女王时代是有所不同的。亨利八世时期的女子服饰基本延续了西班牙女装的特征（图3-22）。文艺复兴鼎盛时期英国正处在伊丽莎白女王时

图3-21 第四代多塞特伯爵画像

图3-22 亨利八世妻子画像

代，这时的女子服饰最有代表性。伊丽莎白时代女子的服饰造型基本上沿袭了法国女装的风格。但是在法国式裙撑上罩了一个圆形的盖子，盖子的外沿用鲸须或金属丝撑得很圆，这样使得罗布的外轮廓更加清晰。在伊丽莎白的肖像画中能看到很多这样的造型。这种裙撑在英国被称为“威尔·法勤盖尔”（Wheel Farthingale）。同时英国女子的罗布还流行羊腿袖，这也是英国女子服饰的一个特点。如图3–23所示，图中伊丽莎白女王穿着带有“羊腿袖”和“威尔·法勤盖尔”式样裙撑的服装。当时的贵族纷纷效仿女王的装束，伊丽莎白女王的服饰也就成为当时英国最具代表性、最流行的服装风格。当时伊丽莎白女王经常使用一种由男性的“拉夫领”演变来的领部装饰，后来这种领部装饰被命名为“伊丽莎白领”。这种领子有很多种，有单层的也有多层的，一般使用浆过的蕾丝配以金属丝骨架制作而成（图3–24）。

图3–23 英国式样的罗布（1593年伊丽莎白一世画像）

图3–24 伊丽莎白领

二、巴洛克服饰

由国王支配的绝对主义王权政治从16世纪开始盛行于欧洲的各个国家。最初是西班牙，其次是英国，17世纪这种政治体系传入荷兰。17世纪后半叶，法国的波旁王朝、普鲁士、俄罗斯帝国的强大是绝对主义王权政治的顶峰。西班牙在菲利普二世时代，由于大量开采银矿以及毛织业的迅猛发展使得西班牙成为欧洲强国。但是后来由于对法国宗教内战的干涉以及对外政策的失败，使西班牙在欧洲的统治地位开始趋向衰落。英国逐渐打破了西班牙“无敌舰队”的神话，在1600年成立了东印度公司逐渐成了新的殖民霸主。

法国在路易十三、路易十四时代则迎来了兴盛期。

17世纪是西方历史上一个重要的变革期，服装的发展也在这个时期产生了多次变革。世纪之初由于荷兰逐渐成为欧洲的强国，因此16世纪流行的西班牙样式的服装到了17世纪逐渐被荷兰风格所取代。17世纪中期以后，英国也逐渐强大起来，进入了资本主义社会，由此英国服饰的风格也影响到了欧洲其他国家。当时的法国在经历了亨利四世后，在路易十三、路易十四时代男女服饰都出现较大的变化。

17世纪巴洛克风格在西方普遍盛行，这是一种与文艺复兴艺术精神完全不同的艺术形式。巴洛克（Baroque）是一种代表欧洲文化的典型的艺术风格。这个词最早来源于葡萄牙语（Barocco），意为“不合常规”，最初特指形状怪异的珍珠。意大利语中有奇特、古怪、变形等解释，后作为一种艺术形式的称谓。巴洛克风格同样也影响了当时服装的发展。从某种意义上讲，18世纪的巴洛克时代可以称为“男人的时代”。男人的服饰中出现了过度的装饰，甚至出现了一般用在女装上的装饰，如蕾丝、缎带、蝴蝶结等。

（一）路易十三时代的服饰（1610～1643年）

17世纪的荷兰商人的势力越来越强大，这个新的中产阶级拥有社会中巨大的财富，逐渐成了社会的中坚力量。新中产阶级的生活方式逐渐取代了极尽奢华的贵族生活方式，中产阶级在社会中占据了重要的位置。在西方服装史中第一次出现了以中产阶级的服装样式引导潮流的局面。

男子服饰在1625～1635年间出现了明显的变化。这种变化首先出现在荷兰，后逐渐向整个欧洲蔓延。服饰流行的中心由前个时代的西班牙转变为荷兰，在服装上装饰填充物、刺绣、镶嵌珠宝、切痕的方式逐渐消失。

1. 男子服饰

17世纪前半叶，男子上衣普尔波万的长度变得越来越短，与之相反，下身的肖斯则变得越来越长。而荷兰服饰风格的特点是：填充物消失，服装整体造型变得宽松。此时的普尔波万肩线倾斜度很大，拉夫领变成了大翻领或翻折下来的平领和披肩领。这个时期普尔波万的下摆非常有特色，这种特殊的下摆结构被称为“佩普拉姆”（Peplum）。为了强调男性上半身的造型，在普尔波万的腰围线位置加入了一种扇形下摆，这种下摆就是佩普拉姆。此时的肖斯逐渐变为一种细腿裤被称作“克尤罗特”（Culotte）。这种裤子一般裤长及膝，并在膝部用缎带扎紧裤口，裤口一般都装饰有蝴蝶结。穿着这种“克尤罗特”裤子时必须要配长筒靴，这种长筒靴靴口很大，有时还会翻折下来，在靴口还会装饰着华丽的蕾丝边。荷兰风格的男子服饰受到了“骑士文化”影响，当时男性们流行通过使用服饰品来效仿“骑士”的装扮。因此贵族男性常佩剑并头戴装饰着羽毛的宽檐帽子。荷兰风时代男性还流行披肩长发，因此这个时期假发也极为流行，当时的男性大都佩戴披肩假发（图3–25～图3–28）。

图3-25 1620年后期男装

图3-26 1625年英国国王查理一世画像

图3-27 巴洛克时期男装

图3-28 1640年男装

2. **女子服饰**

17世纪的女装强调自然比例，讲究穿着舒适与自由随意。荷兰风格时期的女装也同男装一样与之前的时代有了明显的变化。1615年西班牙菲利普三世的女儿嫁给路易十三做王妃。由于王妃还沿用着传统的西班牙风格的奢华服饰，在1615年前后西班牙风格的服饰还在流行。如图3-29所示，图中是一位侯爵夫人，还穿着旧式西班牙风格的裙装，但在16世纪中期以后胸衣是一件独立的服装，用巴斯克依奴以及巴斯特插板固定。因此荷兰风格女装的流行要比男装晚了将近10年。西班牙样式的服装重装饰，服装上经常使用大量的刺绣、宝石装饰，使女性服装变得非常笨重，1640年后随着服装禁止奢侈令的颁布，西班牙样式的服装才逐渐被荷兰样式的服装所取代。荷兰样式的女装去掉了西班牙样式的烦琐装饰，服装更便于活动。这个时期的女装与男装一样，去掉了袖子上的填充物装饰以及裙撑法勤盖尔的装饰。服装造型也脱离了西班牙风格的僵硬感，服装廓型变得平缓、柔和、浑圆。除了同男装一样使用大翻领之外，还出现了低胸的袒胸样式（图3-30）。因为服装上的装饰减少，所以服装的色彩就变得尤为重要，荷兰样式的女裙非常注重色彩的搭配。女性通常会穿三条不同颜色的裙子。为了展现裙子的颜色，当时女性走路时经常把外裙提起来行走，以便露出里面的裙子（图3-31）。

图3-29 热那亚侯爵夫人画像

图3-30 查理一世时期贵族女性服饰

图3-31　16世纪30年代的女装

图3-32　路易十四时代加特尔长袍

（二）路易十四时代的服饰（1643~1715年）

到了17世纪后半叶，法国路易十四亲政（1661~1715年）。他在加强中央集权的同时推行重商主义政策，竭力鼓励对外贸易。与此同时，路易十四自称“太阳王”，在凡尔赛宫大兴土木建造巨大的园林，以供皇室和贵族享受。由于路易十四本人非常喜欢舞蹈，他鼓励艺术创作，自己也经常自编舞蹈，并常在凡尔赛宫举行各种各样的舞会。当时巴黎云集了大批的建筑家、画家、雕刻家、园艺家和工艺家。路易十四也非常重视服装，希望通过服饰彰显他的权威，他经常订制一些专门用于舞蹈的服饰。法国成了当时欧洲时尚的中心，欧洲其他的国家都追随法国的流行服饰。为了方便巴黎最新款式服饰能很快传到欧洲其他国家，因此当时出现了一种专门用来传递流行讯息的人偶。当时法国的裁缝将最新的款式穿在按比例缩小的时装人偶身上，每个月运往欧洲其他的城市和王宫。而包装这些人偶的盒子在当时被称为“潘多拉盒子”。1672年后，出现了最早的专门用于传递时装信息的杂志。这本杂志名为《麦尔克尤拉·嘎朗》，杂志通过用铜版画绘制的时装版画来传递法国最新的时尚信息，这也可以说是现代时尚媒体业的开端。逐渐地法国成了新的流行中心，巴黎开始成为欧洲乃至世界时装的发源地。

1. **男子服饰**（1661~1670年）

法国风格的服装以男装变化最为显著，这个时期也是服装史上男装装饰最为奢华的时代，也是巴洛克风格服装的典型代表（图3-32）。路易十四时代男子的典型服饰有“朗葛拉布（Rhingrave）”“鸠斯特科尔（Justaucorpr）”“贝斯特（Veste）”等。同时服饰配件也是这个时代男装的特色，如缎带、蕾丝、克拉巴特（Cravate）领饰、假发等（图3–33、图3–34）。1661～1670年男子的普尔波万上衣衣长极度缩短，衣长及腰，袖子变成短袖或无袖。下半身出现了一种类似裙裤的裤装名为“朗葛拉布”。这是种长及膝的宽松短裤，穿着时通过腰部的缎带与上身的普尔波万相连接。1670～1715年男子的服饰则变化为更接近近代服饰的夹克、背心、裤子的三件套式样。这个时代是男装变化较大的时代。中世纪开始流行的普尔波万衣长变得极短，逐渐地被机能性较强的款式所取代。1670年出现了一种名为“鸠斯特科尔”（Justaucorpr）的新式男子上衣，“Justaucorpr”原意就是合体（图3–35、图3–36）。贵族穿用的鸠斯特科尔在衣身前片的边缘以及口袋上装饰着奢华的刺绣。这种款式的服装源自于军服，后来逐渐演变为腰身更为合体的衣长及膝的男子上衣并改称为

图3–33 巴洛克时期男装

图3–34 1630年代男装流行宽领扇形边、蕾丝肩领

图3–35 鸠斯特科尔与假发

图3-36 鸠斯特科尔款式图及细节

鸠斯特科尔。这种服装直至19世纪中叶以前成了男子服饰的基本造型。鸠斯特科尔廓型收腰，从腰围至下摆处呈扇形展开，袖口较大并且一般将袖口翻折上来，无领，在门襟、下摆开衩等位置装饰着很多扣子。奢华的面料、刺绣以及装饰性的扣子是鸠斯特科尔最有代表性的特点。由于鸠斯特科尔上的扣子主要起到了装饰的作用，因此扣子大多使用非常奢华的材料，如金、银、珠宝等材质。因为扣子主要的作用是装饰，所以一般都不会扣上，只是在腹部的位置上会扣上一两颗。现代男人穿西装时只扣第一颗扣子的习惯就是源自于这个时期扣子的特殊作用。在穿着鸠斯特科尔时一般里面会搭配穿着一种类似背心的名为“贝斯特”的服装。最初的贝斯特衣长较长而且一般为长袖，后来演变为短袖且衣长也随之变短。1670年颁布了禁止在男子上衣中使用豪华面料的禁令，为了反对这个禁令，当时的贝斯特出现了丝质面料，并且上面甚至用金线进行刺绣装饰。由于鸠斯特科尔是无领的，所以一般穿着时还会搭配一种蝴蝶结式的领饰名为“克拉巴特”。当时男子使用的克拉巴特一般用薄棉布、亚麻布或薄丝绸来制作。

2. **女子服饰**

这个时期女装的变化没有男装那样丰富，基本延续了路易十三时代女装的特点与造型。1661～1670年女性服装的基本款式与路易十三时代并无太大的变化，只是更加强调细腰的造型。为了达到体现细腰的目的使用了一种名为“苛尔·巴莱耐”（Corps Baleiné）的紧身胸衣。这种胸衣一般用厚麻布制作，并在衣片中嵌入了很多的鲸须，然后再附上一层华丽的面料。这种胸衣一般无袖，穿着时通过系带的方式可以任意搭配长袖或短袖。同时在腰部呈扇形展开，这种结构使穿着时易于活动。这个时期最有代表性的应该是此时女性的一种独特造型，名为“芳坦鸠”（Fontange）。1671～1715年这段时间里，女装的款式与之前的时代相比变化并不大，只是裙摆更长，同时出现一种高发式，使整个女装显得更加优雅、高贵。这是一种高发髻，原本是路易十四的情人非常喜欢的发式。这种发式的形状有很多种，同时为了增加发髻的高度还使用了假发甚至铁丝骨架，为了增加美感还在发髻上装饰着亚麻布、蕾丝质的波浪状扇形装饰。

三、洛可可服饰

18～19世纪欧洲诸国逐渐由旧的绝对主义王权政治向新型近代社会体制变革。随着市民革命与产业革命两大革命的进行，欧洲社会逐渐开始向资本主义社会转变。从路易十四统治后期，尤其是1715年路易十五继位，法国乃至整个欧洲的艺术价值取向与17世纪那种典型的“巴洛克风格”相比发生了很大的变化。如果说17世纪的巴洛克风格是“男人的时代”，那么18世纪的洛可可风格就是“女人的时代”。

洛可可（Rococo）艺术是产生于18世纪法国的一种艺术形式。来源于法语“Rocaille”，原意是“贝壳”，引申含义指“像贝壳表面一样闪烁”。它最初是指建筑的某些样式以及室内陈设和装饰的样式。由于受到了当时法国国王路易十五的大力推崇，也被称为路易十五艺术风格。1755年一位名为柯尚的雕版师首次使用“洛可可”一词来嘲讽路易十五时期某些花里胡哨的过度装饰图样，后来这个词逐渐演变为一种艺术风格的代名词。被称为洛可可的艺术风格主宰了18世纪前半期，它以上流社会男女的享乐生活为对象。路易十五的情妇蓬巴杜夫人、杜巴丽夫人的趣味左右着宫廷，致使美化女性成为压倒一切的艺术风尚。路易十六的王妃玛丽·昂特瓦耐特也带动了洛可可式样女装的流行。在上流社会出现了与宫廷生活相对的资产阶级沙龙文化。

洛可可风格服饰的代表是女装，这个时代的女性由于特殊的时代背景所形成了特殊的生活方式，这也是造就了洛可可式样女装风格的重要背景。“沙龙”是当时贵族女性最重要的社交场所也是女性们最重要的生活方式之一。在沙龙里女性是中心，甚至是供男性观赏和追求的“艺术品”。在沙龙文化与生活方式的影响下，注重外表形成了洛可可时期的女装的重点。因此，女性的着装理念就更趋于形式感，而外在的形式美则在这个时期的女装中发展到了极致。在追求外在美的审美观念下，通过大量使用紧身胸衣、裙撑等人工塑形工具来强调女性曲线美。使用人工雕琢的方式来展现女性曲线美在洛可可时期达到了巅峰。

（一）路易十五时代的服饰（1715～1774年）

1. 男子服饰

从17世纪中后期开始男子服饰的标准三件套为鸠斯特科尔、贝斯特、裤子的组合。从这个时代开始男装以这几种服装为主的格局基本形成。到了18世纪男装在三件套基本型的基础上逐渐向近代男装发展。紧身合体的男子服饰是这个时期男装的代表。鸠斯特科尔到了18世纪改名为“阿比”（Habit），造型与之前没有太大变化。在18世纪阿比从法国开始被作为欧洲各国的公服穿着（图3-37、图3-38）。阿比的肩部、腰部的造型都比较窄且合体，袖口较大，并与女装的帕尼埃形成呼应。阿比一般选用丝织面料，衣身上有很多的刺绣装饰，面料的颜色也相对优雅。扣子是“阿比”男装的重点，在阿比的前面装饰着一排甚至两排密密麻麻的扣子，袖口和口袋盖上也装饰着很多的扣子。这个时期的扣子装饰性高于其功能性，扣子更多地不需要扣上只是起到了装饰作用。甚至扣子的表面还要用金丝、银丝进行装饰（图3-39）。到了路易十五时代后期，由于受到英国军服的影响，阿比开始注重服装的功能性，款式上则变得更加的合体及简约。下半身则配以名为“克尤罗特”（Culotte）的紧身裤，这种裤子非常的合体，甚至连腿部的肌肉都清晰可见，长度一般在膝部稍下一点的位置。

图3-37 路易十五时代男子的『阿比』造型

图3-38 1780年男装细节

图3-39 男装中扣子装饰

2. **女子服饰**

这个时期一种名为“嘎翁式罗布”的罩裙开始流行。这种罩裙当时是宫廷的正式服装。嘎翁式罗布的基本款式是前开型长裙，其典型特征就是大的“V”字形领口以及后背的普利兹褶。在“V”字前开式前片内装饰着三角形的胸衣饰片，内衬紧身胸衣及帕尼埃裙撑。罩裙背部的这些褶皱被称为“瓦托·普利兹”（Watteau Plait），也是这款罩裙最重要的特点（图3-40、图3-41）。这些褶皱从领口开始一直延伸至裙摆处。女性穿着这种带有褶皱的长裙走动起来显得非常的飘逸。这种罩裙是18世纪最基本的裙装款式，整个世纪中这种裙子的基本型并没有明显的变化，只是裙子上的一些细部装饰根据不同时代人们的喜好而有所变化。当时路易十五的情妇蓬巴杜夫人非常喜欢穿一种名为“罗布·阿·拉·法兰西兹”（法国式罗布，robe à la francaise）的罩裙，这种罩裙的款式与嘎翁式罗布的款式很相似。由于蓬巴杜夫人非常喜欢这种款式的罩裙，因此“罗布·阿·拉·法兰西兹”式罩裙后来成了洛可可时期最典型的宫廷女装（图3-42）。由于这种裙型非常的优雅，路易十五的情妇非常

图3-40 1760年罗布女裙

图3-41 18世纪带有普利兹褶的女裙

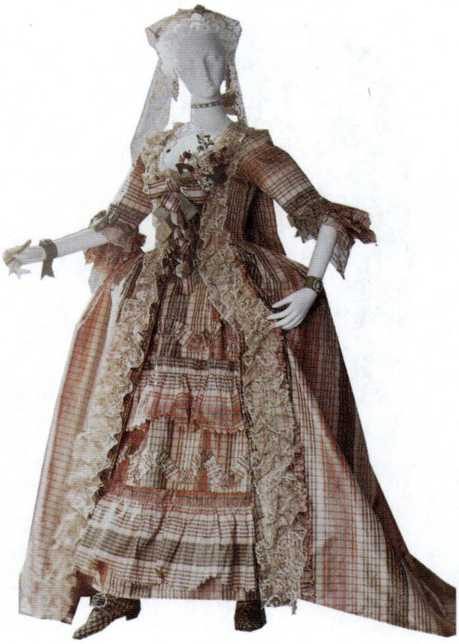

图3-42 罗布·阿·拉·法兰西兹

喜欢穿着，当时的女性都争相效仿穿着这种款式的罩裙。路易王朝的皇室以及其他贵族也争相模仿蓬巴杜夫人穿着这种罩裙，使得这种裙子流行了好几十年。“罗布·阿·拉·法兰西兹”与嘎翁式罗布款式上基本一样，只是在细节装饰上有些变化。比如，罩裙的“V”字前开式的领子边缘装饰着很多缎带，服装的边缘也装饰着刺绣，袖口装饰着多层高级蕾丝。而且蓬巴杜夫人非常喜欢在穿着罗布·阿·拉·法兰西兹式罩裙时佩戴一种意大利制的人造花装饰，后来这种装饰也成了当时女性的必备装饰品。

为了强调女性臀部曲线，这个时期出现了一种新的裙撑名为“帕尼埃”（Panier）。帕尼埃是用鲸须、金属丝、藤条、亚麻布等材料制作的吊钟形裙撑。随着洛可可风格的风靡，帕尼埃变得越来越大（图3–43～图3–45）。到了路易十五时期帕尼埃逐渐变为前后扁平、左右横宽的椭圆形裙撑。女性服装中由于使用了帕尼埃裙撑，使得服装下半身的造型变得非常庞大，与上半身的造型形成了鲜明的对比。为了配合庞大裙撑的造型，这个时期出现了非常特殊的女性发式。这些不同造型的发式利用假发将女性的头发高高束起，并在发髻上做各种各样的装饰。随着帕尼埃裙撑的流行，发式的样式和造型也越来越夸张。发式的主题也随时根据人们的需求而有所变化（图3–46）。比如，有的发式将帆船装饰在头发上，有的发式上装饰着各式的水果，甚至有时还在发式中营造了战争的场面。实际上由于过分地追求帕尼埃夸张的造型和高大繁复的发式，无形中给女性的日常生活带了很多的不便。因此，这个时期出现很多反映当时女性夸张造型的讽刺画，如图3–47、图3–48所示，画中是美发师正在为贵妇人做头发，要踩着梯子和拿着尺子才能完成发型的制作，讽刺了当时夸张的发式潮流。

同时，为了与下身帕尼埃塑造的臀型形成对比，女子的上半身依然使用紧身胸衣来塑造上半身的曲线。这个时期的紧身胸衣在材质、制作方式、穿着方式等方面都出现很多技术性

图3–43 带有帕尼埃裙撑的罗布

图3–44 1740年乔治一世时期宫廷女装

图3-45 1750年宫廷女装

图3-46 1770年高大发式与帕尼埃裙撑的组合

图3-47 1770年讽刺画-1

图3-48 1770年讽刺画-2

的革新，使得紧身胸衣更易于穿着、更舒适、塑形效果更好（图3-49～图3-51）。由于这个时期胸衣外的罩裙一般为前开式，所以为了避免里面的胸衣露出来就出现了一种名为“斯塔玛卡”（Stomacker）的三角形胸衣饰片（图3-52、图3-53）。当时斯塔玛卡的样式和装饰手段非常丰富，面料和装饰材料都非常的奢华。另外，由于洛可可时期特殊的社交方式，使得

图3-49 1760年紧身胸衣

图3-50 紧身胸衣

图3-51 紧身胸衣和帕尼埃的组合（1760年左右）

图3-52 1730～1740年斯塔玛卡胸衣饰片-1

图3-53 1730～1740年斯塔玛卡胸衣饰片-2

当时的贵族女性们几乎每天都穿着内衬紧身胸衣和帕尼埃裙撑的华丽服饰流连于“沙龙”之中。这种特殊的生活方式加之女性们要穿着束得很紧的紧身胸衣，女性们会经常感觉胸闷和透不过气，因此女性们通过不停地扇扇子来舒缓胸闷的感觉。这也就使从中国传入的扇子成了当时女性们手中必备的服饰配件（图3-54）。

图3-54 洛可可时期的扇子（1760年）

（二）路易十六时代的服饰（1774～1792年）

路易十六时代是洛可可风格的没落期，服装风格也逐渐向着新古典主义风格转变。人们的审美意识开始向追求朴素、自然的古典文化理念复归。路易十六时期皇室和贵族阶层过于奢华的生活方式与普通阶层之间的矛盾也越来越激化。随着复古思潮的普及与流行，服装的发展也从洛可可时期强调人工塑造的服装廓型向自然廓型的服装回归。同时英国式样服饰的流行与新思潮观念一起影响着欧洲服饰文明的发展。

图3-55 1730年宫廷男装

1. **男子服饰**

18世纪中叶以后，男子服饰的整体款式上并没有出现非常大的变化，但是由于受到英国男装风格的影响，男性服饰开始朝着简约化、朴素化的方向发展。英国因为产业革命的原因男装发生了一些变化，这些男装款式也在路易十六时代后期传入法国。因此，当时除了沿用“阿比”款式的男装之外，从英国传入的“夫拉克”（Frac）男装也非常流行。“阿比”式样的男装则一般作为宫廷服（图3-55）。此时的男装开始变得简洁、实用，上衣开始舍弃多余的装饰，紧束的腰身逐渐松弛。这个时期形成的男装三件套组合作为上流社会男子的社交服一直沿用到19世纪。此时流行的“夫拉克”上衣沿前襟搭门自腰围线向下摆方向进行斜向剪裁。这种前襟线形就像现在的燕尾服，这也是燕尾服和晨礼服的始祖。英国的“夫拉克”传入法国后，出现了一些款式上的细微变化。剪裁更趋于简约，袖子也越来越趋于小型化，面料表面的刺绣装饰也越来越少。一般为立领或翻领，后侧开衩，前门襟的扣子一个也不需要扣。1780年英国出现了毛料夫拉克，这种英国式的夫拉克朴素、实用，也成了男装的定型，英国也因此确立了男装流行的主导权（图3-56、图3-57）。

2. **女子服饰**

随着洛可可风格的逐渐衰落，路易十六时期的女装出现了改良款式。1770年以后宫廷服的服装廓型向小型化方向发展。在旧体制瓦解前追求通过人工服饰配件塑造人体美的意识与追求服饰舒适、方便的意识共同存在。受波兰服饰影响，出现了波兰式的罩裙即“波兰式罗布”（Robe a la Polonaise）。这种罩裙在裙子的后侧分别将裙摆向上提起，这结构很像吊起来的窗帘，使裙子在臀部形成两个或三个膨起的团状结构。在罩裙上使用这样的结构即使不使用帕尼埃裙撑也能实现夸张与强调女性臀部曲线的目的。波兰式罗布与之前的女性罩裙相比体积明显变小。同时，裙长逐渐变短的款式与巨大的法国式罗布相比穿着起来则更加方便也更易于活动（图3-58、图3-59）。同时，这个时期出现的英国式罗布款式也相对简洁更易于活动。

图3-56　1760年英国样式男装

图3-57　1765年法国样式男装

图3–58　1780年波兰式罗布

图3–59　法国的波兰式罗布

第二节　中国近世服饰

一、辽、元服饰

从辽至元（辽，907～1125年；元，1206～1368年）的这个时期北方的少数民族契丹、女真、党项、蒙古频繁入侵中原，客观上促进了以实用合体为特点的草原服饰文化往汉族服饰的渗透。相反汉族传统礼仪服饰可以彰显统治者的威严，所以同样受到少数民族统治阶层的接受。由此中国服饰发展史又迎来了一次服饰文化深层次的大融合。

（一）辽代服饰

为了协调本民族与汉族不同的服饰习惯，辽太宗时期对汉和契丹的服饰政策是采取一国两制的策略。官分南北官，南官以汉人治汉穿汉人服饰，北方是契丹人管理契丹人穿契丹传统服饰（图3-60、图3-61）。皇帝的常服为汉服，北官和皇后则穿契丹服。辽国的冕服继承了五代后晋时的遗制。正式朝服戴金纹金冠，穿白绫袍。辽国皇后穿契丹服，带红帕，穿红袍。一般妇女则上穿黑、紫等色的直领对襟衫或左衽团衫，前长拖地，后长拖地后延伸几尺。契丹男子的发型非常有特点，一般梳垂发。这种垂发有几种不同样式，有的在左右两耳前上各留一撮垂发（图3-62）。

图3-60 辽代圆领袍复原图

图3-61 辽代左衽窄袖袍复原图

图3-62 内蒙古出土辽代晚期驭马人壁画

（二）元代服饰

元代蒙古族男子穿质孙服（汉译作色衣），头戴帽笠（图3-63）。质孙服是一种上衣下裳相连袍服，衣身较为紧窄，下裳较短，腰间多褶裥，肩背冠有大珠。元代贵族女子的袍服都较为宽大，袖身也比较肥大但在袖口收窄，长度及地。由于这是北方民族的一种服饰，所以常用较为厚质的织金锦、丝绒、毛织面料制作。这种宽大的袍服，汉人称其为“大衣”或

图3-63 元代窄袖织龙纹锦袍复原图

图3-64 元代贵妇交领织金锦袍复原图和甘肃榆林窟元代壁画局部

“团衫”（图3-64）。当时后宫侍女多为高丽人，因此当时高丽的服装与鞋帽也是当时流行的款式。元代女子服饰中最具特色的是一种名为“顾姑冠”的冠饰。这是蒙古贵族女性的一种冠饰。这种冠是用桦木皮、竹子、铁丝之类的材料作为骨架，骨架造型是高70～100cm的柱，柱顶端呈平顶帽形。外面再用红绢、金锦包裱。冠饰表面经常加以各种装饰，地位高的人还在冠顶插野鸡毛。元代的男女服饰品种非常多，男装有深衣、袄、衫，女装有褙子、袄、衫、长裙等。另外，元代还比较流行一种云肩，半臂在元代也很流行且男女都穿（图3-65～图3-67）。

二、明代服饰

朱元璋建立明后主张“驱逐胡虏，恢复中华”的理念，也在服饰文化方面主导了明代（1368～1644年）服

图3-65　1976年内蒙古出土元代棕色罗刺绣花鸟纹夹袄

图3-66　元代翟鸟穿花横纹缂丝（美国纽约大都会博物馆藏）

图3-67　1988年黑龙江出土罗地绣花鞋

饰发展的方向。为了恢复汉族文化，明代服饰主要以唐宋的款式为主。明代封建制度开始衰落，民间手工业不断发展壮大，无论是冶铁、造船、建筑，还是丝绸、纺织、瓷器、印刷等方面都是当时世界的领先水平。尤其棉花在长江流域和中部地区被广泛种植，一下子改变了传统服饰面料的结构。棉布成了普通阶层最主要的服装面料，丝织品逐渐发展成了高档的面料。江南的桑蚕纺织业也极为发达，丝织技术达到了极高的水平。当代的戏曲服饰大多采用明代服饰的样式。

（一）官服制度

明代官服制度主要沿袭唐、宋官服的形式，但是制作官服的材料和工艺水平非常高。明代结束了元代少数民族的统治后，在服装制度上提倡恢复汉族文化传统。如唐宋的幞头、圆领袍衫等形式的服饰再次出现，从而确定了明代官服的基本风貌。

1. **皇帝冠服**

衮冕是承袭古制的冕冠搭配衮服的组合。冕板宽40cm，长80cm，上附玄色纱，下附朱色纱。帽托两侧有孔，戴时用玉簪固定。衮服是玄色上衣，黄色下裳，束白罗大带，配黄蔽膝等。上衣肩部装饰日月、龙纹，背部装饰星辰、山纹。皇帝常服为戴乌纱向上折角巾（由于乌纱巾的造型有些像善字所以也称“翼善冠”），穿盘领窄袖袍。袍一般为黄色，袍肩前后各装饰一织金盘龙纹（图3-68、图3-69）。

图3-68　明英宗像局部

2. **皇后冠服**

皇后最正式的礼服为戴装饰九龙四凤的圆框帽及短头花簪，身穿深青色袆（huī）衣，袆衣是一种右衽大袖袍服，前饰蔽膝。皇后常服为戴双凤翊龙冠，身穿龙纹红色大袖衣，外穿霞帔，下身穿红罗长裙（图3–70～图3–72）。

3. **文武官的冠服**

官员的朝服为头戴梁冠，身穿赤罗衣，内衬青领缘白纱单衣，前饰赤罗蔽膝，配绶，白

图3–69 《历代帝王图》皇帝常服复原图

图3–70 皇后大袖衣复原图

图3–71 明孝恪皇后像

图3–72 北京定陵出土明十二龙九凤冠

袜黑鞋。梁冠是明代特有的重要冠饰（图3–73）。通过梁冠上的梁数来区别品位高低。比如，一品官梁冠上有七个梁，二品官有六个梁等。除了梁冠，服装的色彩、束带的材质都根据官品高低有明确的规定。官员穿用的一般常服为头戴乌纱帽，穿团领衫，腰间束带（图3–74）。这种常服就是著名的品服也就是人们常说的补服。这种常服的样式在传统戏剧的服饰中经常可以看到。所谓品服就是在团领衫前胸以及后背处装饰一块方形的刺绣图案，即人们常说的“补子”。补子里的纹样是根据穿衣人的官品来决定的。这种品服制度一直被沿用到清代，但是明代与清代补服纹样略有不同。明代文官一品为仙鹤补、二品为锦鸡补、三品为孔雀补、四品为云雁补，武官一品、二品为狮子补、三品、四品为虎豹补。命妇的服装与男性官服相呼应，一般穿带有不同品级补子的大袖衫，戴凤纹霞帔，腰间饰蔽膝（图3–75、图3–76）。

图3–73 明《中东宫冠服》所绘梁冠

图3–74 左：穿品服邢玠夫妇像局部
中：明文一品官补服复原图
右：上海出土明乌纱帽

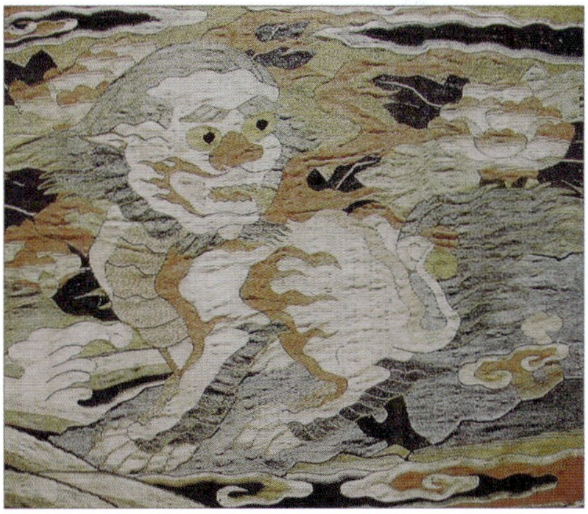

图3–75 明缂丝武五品方补

图3–76 明织锦都御史方补

（二）一般服装款式

1. **交领式衣衫**

交领式衣衫是基本继承传统款式的服装，多用于祭服、朝服及内衣、单衣。劳动阶层所穿的短衣也多为交领式。

2. **盘领衣**

盘领衣是由唐宋以来的圆领袍发展来的服装款式。明代官员的常服多为高圆领式样并左右开衩，袖多为宽袖大袖。平民也穿这种盘领衣但一般为窄袖（图3–77）。

图3–77 江苏出土明代盘领大袖衫

3. **束腰长袍**

这是一种上衣下裳相连的长款袍服。上衣一般为右衽窄袖，下裳为裙状，腰间多褶并且在下摆处自然散开。

4. **对襟合领或对襟直领式衣服**

明代对襟合领或对襟直领式的衣服是男女常见的服装款式。男子的对襟衫一般多为半袖。一种较为常见的女子便服也是合领或直领对襟式服装。其衣长一般较长，左右腋下开衩，衣襟通常是敞开的（图3–78、图3–79）。这种服装大袖一般为贵族女子穿着，小袖的则为平民女子穿着。另外还有一种无领对襟式的服装名为比甲（马甲），一般作为年轻女性的半长外衣。明代女性对服装整体的装束与搭配非常讲究，明代的时髦装束与宋代很相似（图3–80）。当时还流行穿一种挑线裙，即用丝线将裙褶挑联起来使裙褶定型的裙子，和一种鞋底后跟加垫圆形高低的高底鞋。明代通俗小说《金瓶梅》中有很多对当

图3–78 明代宽袖女子对襟服饰复原图

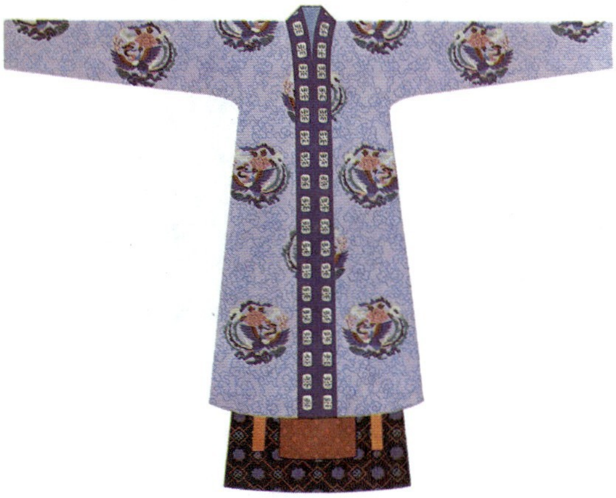

图3-79　明代窄袖女子对襟服饰复原图

图3-80　明代襦裙复原图

时女性注重服装装束搭配的描述。例如，“上穿柳绿杭绢对襟袄儿，浅蓝色水绸裙子，金红凤头高低鞋”“上穿鸦青缎子袄儿，鹅黄绸裙子，桃红素罗羊皮金滚口高低鞋儿”。从以上例子可以看出女性对服装款式、色彩搭配的重视。第一种柳绿上衣搭配浅蓝裙子，再点缀金红的鞋作小面积色彩对比，整个装束既淡雅又不素寡；第二种服饰装束色彩搭配则比较大胆。

5. **巾帽和履**

明代巾帽款式繁多，一部分继承了唐宋风格，一部分是受元代少数民族服饰影响，还有一部分是明代创新的样式。常用的巾帽主要有软帽、乌纱帽、烟墩帽、边鼓帽、瓦楞帽、瓜皮帽。乌纱帽是明代重要的帽饰，是从隋唐时期的幞头经宋代的展脚幞头发展演变来的（图3–81）。除此之外，当时还流行一种网巾，是极具明代特色的巾帽款式。这是一种用黑色细绳或尾鬃丝编结成的网巾。网口一般用帛滚边，网巾前方有两个金属小圈，两边各系小绳并穿过这两个圈，再束于顶发。由于这个小的结构这种网巾也称为“一统山河”（图3–82）。明代官员在戴纱笼帽前多用这种网巾先将头发束紧。舄是一种木底的复底鞋，是明代最常见的鞋，女性则流行穿高底鞋（图3–83）。

图3–81　北京定陵出土明乌纱翼善冠

6. **服饰面料及纹样**

明代普通阶层的衣料冬季以棉布为主，夏季以纻（zhù）布为主。丝绸纺织品一般为贵族上层阶级使用。缎类在明代已取代锦的地位，是当时的高级衣料。缎的经纬结构只有一种显露于织物表面，使得相邻的两根经

图3-82 明《三才图会》中的网巾图

图3-83 北京定陵出土明尖足凤头高底鞋

纬丝的组织均匀分布，但不相连，因此缎织物外观光亮平滑且质地柔软。绢类有素绢和提花绢。还有厚型的丝织品罗类和薄型的纱类。明代的绫织物一般作为内衣面料使用。由于品服制度的流行，明代的服饰纹样题材更多地注重纹样的象征意义与寓意。针对不同对象和服装等级与性质，出现了非常丰富的服饰纹样内容与形式。

思考题

1. 简述文艺复兴时期服饰的整体变化与特征。
2. 简述中国明代章服制度的变化。

第四章 近代服饰

课题内容： 1. 西方近代服饰

2. 中国近代服饰

课题时间： 12课时

教学目的： 使学生了解近代中西方各时期的社会背景，并掌握近代中西方各时期服饰的不同风格与特征。

教学方式： 理论讲授、多媒体课件播放。

教学要求： 1. 了解近代中西方各时期的政治、宗教以及社会背景。

2. 了解近代中西方各个不同时期服饰风格的特征与变化。

第一节 西方近代服饰

美国的独立、法国大革命、欧洲产业革命这些事件都对19世纪的世界造成了深远的影响。以法国为例，不管是政治、经济还是各种文化现象都发生了激烈的变化。在政治上法国大革命结束了封建统治体系，建立了新的资本主义社会。在这个世纪里，社会结构的巨变也使服饰文化发生很大的变化，服装在廓型、造型、结构上产生了丰富的变化。由于工业革命的原因男人们的生活方式发生了变化，男性已没有必要穿着那些装饰烦琐的、夸张性的服装，开始追求服装的活动性、机能性以及实用性。到19世纪中叶，近代男装的形制完全被确立下来，这种男装的基本型至今还被作为男性礼服使用。女装在19世纪经历了非常明显的样式变化，分别经历了新古典主义时代、浪漫主义时代、新洛可可时代、巴斯尔时代和S形时代。19世纪这些不同时期的女装风格，都带有各自非常明显的特点，其服装造型、装饰手段、着装理念都有着很大的差异。

一、新古典主义时代服饰

第一帝政时期是新古典主义的时代，服饰文化也受到新古典主义的影响，与之前的巴洛克、洛可可的服饰风格形成了非常显著的区别。新古典主义是一种新的复古运动，兴起于18世纪的罗马，也是迅速在欧美地区扩展的艺术运动。这种艺术理念影响了装饰艺术、建筑、绘画、文学、戏剧和音乐、服饰等众多领域。新古典主义，一方面基于对巴洛克和洛可可风格的颠覆，另一方面则是希望以重振古希腊、古罗马的艺术为信念，提倡反对华丽的装饰，尽量以俭朴的风格为主流。

新古典主义时期的男女装都向着简朴、古典的风格发展。这个时期提倡去掉繁复的人工装饰，恢复人体自然的曲线。女性们追求健康、舒适的服装风格，在服饰中融入了古希腊服饰中的一些元素。对于女性而言，在20世纪前，只有这个时期的女性们才暂时性地脱掉了长久束缚女性的紧身胸衣和裙撑。

（一）男子服饰

这一时期的男装去掉了装饰过剩、刺绣繁复的形式，转向了田园式的凸显使用功能的装束风格。由于法国大革命的社会背景，此时激进的革命党人的装束成了男装流行的典范。最具代表性的是雅各宾派革命者的服装。其上衣名为“卡尔玛尼奥尔”（Carmagnole），这是一种带有宽驳头的夹克式上衣。卡尔玛尼奥尔本来是底层阶级的一种穿着，最初在意大利是工人阶级的服装，后由于法国大革命，革命党将这种款式的服装带到巴黎，这种卡尔玛尼奥尔上衣后来在法国非常流行。下身穿着长裤“庞塔龙”（Pantalon），这是一种窄口的细筒裤，后被革命者穿着（图4-1）。由于这种裤子的款式区别于以前贵族男子穿着的克尤罗特半截裤的样式，因此将其更名为“桑·克尤罗特”（Sans Culotte，就是不穿克尤罗特的意思）。为了与革命党人相对抗，保皇党中的时髦男子则刻意穿着与革命党人相反的服饰，就出现了一种名为“昂克罗瓦依亚布尔”（Incroyables）的装束。这种装束的特点是上身穿一种双排扣大衣，大衣翻驳领非常大，腰部非常合体，下身则穿着一种紧身的半截裤，这种半截裤名为“克尤罗特”。脚上穿着翻口高帮皮靴，手里拿着帽子、文明杖，头发乱蓬蓬地散落在耳下的位置（图4-2、图4-3）。虽然保皇党和革命党在着装风格上相互对抗，但男装总的变化趋势还是减少了繁复的装饰逐渐向近代男装演化。服装面料也从过去的豪华面料变成了朴素的毛织物。之前受英国男装影响出现的类似燕尾服的夫拉克于这个时期在男人们中普及。此时的夫拉克分为两种：一种下摆呈燕尾式就是现代燕尾服的前身，另一种是前襟至下摆处呈圆顺曲线款式的大衣，这就是现在晨礼服的前身。配合夫拉克下身则配以庞塔龙。

图4-1 卡尔玛尼奥尔和庞塔龙（1792年《扮演革命群众的演员》局部）

图4-2 昂克罗瓦依亚布尔

图4-3 1800年革命党人画像

（二）女子服饰

新古典主义时期的女装提倡复归古希腊、古罗马的服装样式，造型上极为简洁、朴素。这与之前时代流行的装饰繁复的洛可可女装风格形成极鲜明的对比。服装史学家有时将新古典主义初期称为“薄衣时代”。这是由于受到复古思潮的影响，女性们为了追求自然、古典的古希腊风貌服装，去掉了紧身胸衣和裙撑的束缚。女装不仅款式上力求简练，服装色彩及面料也非常的单纯、质朴。当时最为常见的女装款式就是一种用白色棉布制作的高腰衬裙式连衣裙，名为“修米兹”（Chemise）。这种服装最早出现在英国，在法国大革命背景的影响下，这种用薄棉布制成的连衣裙很快就在巴黎女性中间流行开来。高腰身是这种裙子款式上的最大特点，腰际线被提高到了乳房以下，袖子一般较短，袖子则刻意模仿爱奥尼亚式希顿的样式，裙长很长一般长度及地（图4-4、图4-5）。修米兹基本上选用一种印度进口的薄棉布来做面料。虽然这种产自热带地区的面料极不适合在巴黎相对寒冷的气候条件下穿着，但是女性为了追求时髦还是乐此不疲地竞相穿用。因此，当时的女性们经常因为这个原因患上呼吸道疾病，肺结核、流行性感冒成了当时的流行病，也被称为“薄棉布病”。也正是因为这个原因，女性们为了增加服装的美感更为了避寒，会在修米兹外面搭配一种名为“肖尔”（Shawl）的披肩或者搭配“斯潘塞”（Spencer）短外套（图4-6、图4-7）。

图4-4　1802年修米兹

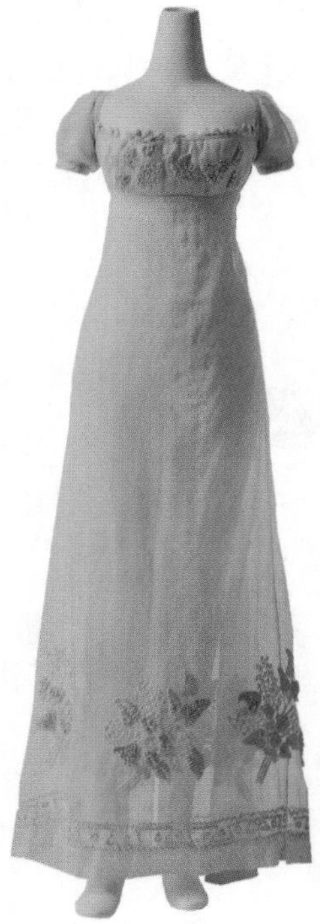

图4-5　1800年薄棉布修米兹

图4-6 修米兹女裙

图4-7 1800～1805年女裙、斯潘塞短外套

拿破仑执政时期，皇后约瑟芬的服饰对服装的发展趋势意义重大。拿破仑当政以后追求以往皇室贵族的生活方式，恢复了以往的宫廷服装，颠覆了大革命期间体现平等自由的着装意识。因此在某种程度上，他们的“帝政样式”宫廷服饰也可以作为新古典主义后期的典型款式（图4-8）。拿破仑时期的帝政样式服装基本上是新古典主义服饰的发展与延续。帝政样式的女装款式基本与新古典主义早期的款式大体相同，重点是在面料、细节上出现了一些变化。这个时期的裙子依然强调高腰围线、裙型窄长、方领口，袖型上出现了区别于前期的白兰瓜形的短帕夫袖（图4-9、图4-10）。“帝政样式”的服装虽然基本款式沿袭了新古典主义的风格，但总体上还

图4-8 约瑟芬的礼服

是向着装饰性造型发展。服饰面料也开始由之前的印度产薄棉布向相对华丽的面料转变，同时服装上也出现了华丽的装饰（图4-11）。这个时期约瑟芬皇后常披用的一种“曼特”斗篷也非常流行。这个时期还出现了很多结合不同使用场合穿着的修米兹，如图4-12和图4-13所示，分别为外出时的外套修米兹和冬季的修米兹外套。

图4-9 1815年修米兹

图4-10 新古典主义后期修米兹

图4-11 不同面料的修米兹

图4-12 1810年外出时的女裙外套

图4-13 1810年冬季外套

二、浪漫主义时代服饰

路易·菲利普时代在服装发展史上也被称为“浪漫主义时代”。对于服饰风格而言，浪漫主义时代服饰是受到了18世纪晚期至19世纪初期欧洲出现的启蒙运动的影响。这场运动的主导者是艺术家、诗人、作家、音乐家以及政治家、哲学家等。启蒙运动在政治上为法国大革命做了思想准备，在文艺上也为欧洲各国浪漫主义运动做了思想准备。启蒙运动是法国大革命催生的社会思潮的产物。大革命所倡导的“自由、平等、博爱”的思想推动了个性解放和人们情感的自由抒发。强调独立和自由的思想意识，成为浪漫主义时代的核心思想。

（一）男子服饰

19世纪的男子服装除了法国大革命时期以外，几乎都被所谓“英国趣味”的着装风格所引导。19世纪中期以后，新兴的资产阶级取代了原来的贵族成了主导流行的群体，而这些资本家们穿着的服装基本上都是英国风格。这些典型的英国式装束在造型上与之前时代的男装出现了一些变化，但男装的基本构成依然是夫拉克、庞塔龙的组合。此时的夫拉克在服装廓型上强调极细的腰身，并通过在肩部加入挺括的垫肩使肩部显得很宽阔，袖子也在袖山处加入了带有膨胀感的结构来完善整个上半身的廓型。领子也逐渐加长，长至腰部。下身的庞塔龙长裤廓型呈锥形，裤子合体且笔直，与上半身的夫拉克相搭配呈现出了男装的倒三角形造型。

图4-14 穿着英国式样礼服的男人

为了追求上半身挺拔利落的造型，浪漫主义时代的男人甚至也开始穿着紧身胸衣。当时有很多的讽刺画，通过描绘男人们与女人们一起穿着紧身胸衣的画面来讽刺那些追求英国趣味的男人们。同时，为了强调裤子的笔直感，在裤脚加入了一种类似当代健美裤上的袜蹬的设计，以使裤子更加笔直（图4-14～图4-16）。

19世纪著名的“花花公子”风格男装也是浪漫主义时代男装的典型代表。“花花公

图4-15 1828年英国趣味男装

图4-16 1838年法国绅士

子”风格的代表人物就是乔治·布莱恩·布鲁梅尔（George Beau Brummel）。这个人因为极其讲究打扮而非常出名，他的穿着甚至在当时引领了男装的流行。布鲁梅尔非常注重着装上的讲究与奢侈，他对自己衣着的讲究几乎到了夸张的程度。他的穿着理念与当时贵族男性服饰的主流穿着理念截然不同。比如，他反对当时贵族穿着中的扑粉的假发、香水、绶带以及颜色、做工精致的外国织物等服饰元素。有的服装史学家甚至把布鲁梅尔形容成现代男性服装之父。从这个意义上讲，他的着装观念直接导致了19世纪商业服装的出现，成了同文艺复兴以来开始流行的种种时尚观念的决定性分裂。布鲁梅尔主张的服饰风格特点是简洁。布鲁梅尔造型的款式特点是一件腰间紧扣纽扣的夫拉克，其后摆正好齐膝，翻折领，露出背心和带有皱褶的克拉巴特领巾。腰以下是贴身（不是紧身）的庞塔龙，裤脚塞进长筒靴，靴子几乎齐膝高。他倡导的服装搭配是平纹蓝色上衣、浅黄色的裤子和黑色靴子，加上洁白的衬衣、领饰。

（二）女子服饰

浪漫主义时代的女装从廓型上讲，也可以被称为“X”形时代。这个时期女装的腰围线开始回归到正常腰位，紧身胸衣再度回归以便塑造细腰膨裙的“X”形造型，袖子也开始出现膨大的造型。工业革命导致了服装制作技术得到了提高，因此到了浪漫主义时代紧身胸衣的制作技术也得到了很大地发展，从功能性、合体性、舒适性、使用便捷性上都做了很多技术上的新突破。强调腰身与夸张裙摆是这个时期女装造型上显著的特征。浪漫主义时期女装的裙摆逐渐发展为吊钟状（图4-17、图4-18）。

“X”形款式的女装，不但在廓型上强调人工塑造的女性美，也通过对领口和袖型的处理形成了新的视觉中心。因此，这一时期的领型非常有特点，最典型的领型有两种：一种是高领口，另一种则是低领口。高领口的女装一般在领口处会装饰大量的褶皱，有时也会使用传统的“拉夫领”或披领作为装饰。低领口的女装，领口开得非常低，甚至低至大臂上方，这种低领口在女性胸前形成一条优美的“V”字形线条，突出了女性肩部完整的线条，以此来强调女性肩部的柔美曲线。这个时代的女装为了与“X”形的整体廓型呼应，袖型也出现很多变化。通过使用羊腿袖或者帕夫袖等膨胀型的袖子，来实现突出细腰的目的。

图4-17 1835年浪漫主义风格女装

图4-18 1830年女子的内衣

三、新洛可可时代服饰

服装发展史上被称为新洛可可时代是指路易·波拿巴称帝后的时代。这个时期出现了古典裙撑样式的复古，女装延续了路易十六时期的奢华样式，不注重追求服装的机能性。为了追求裙子造型的膨大化，出现了一种新的非常庞大的裙撑，这种裙撑名为“克里诺林”，因此也有人称这个时代是“克里诺林时代”。

同时，服装工业的技术进步也促进了服装业的发展。其中最重要的就是1846年艾萨克·辛格发明的缝纫机。缝纫机与其他纺织机器的发明与使用，完全改变了服装业传统的手工加工形式，是实现现代化成衣生产的基础。

查尔斯·沃斯（Charles Frederick Worth）是对服装发展有着巨大贡献的人。他是“高级服装”业的奠基人。他创立了“设计室沙龙”也就是现在高级时装店的雏形。他是第一个使用真人模特来展示服装的人，这也是现代服装秀的雏形。他甚至确立了19世纪后期到20世纪初的服装模式。

另外，从这个时代开始西方着装理念出现了变化，开始根据时间、地点、场合的不同而选择不同用途的服装，这也是现代意义着装理念的开始。在当时根据不同的使用需求出现了不同的服装种类，如上午的室内服、午宴用服、日间服、外出用服、晚礼服（家庭用、小型晚餐会用、大晚餐会用），还有乘马服、狩猎服、丧服等。

图4-19 1850年克里诺林造型的外出服

（一）女子服饰

1830年以后，女装的重心转变到了下半身，裙子的体积逐年增加。由于廓型的需要，要使用多层的薄棉布裙撑才可以塑造庞大的裙型。有时候裙撑可以达到5~6层。这样就增加了女装下半身的重量，因此就出现了一种新型的骨架式裙撑，这种裙撑既能实现塑造裙型的需要又相对轻便。这就是“克里诺林”（Crinoline）裙撑，克里诺林裙撑可以说是服装史上最大的裙撑。这种克里诺林裙撑与之前的裙撑结构出现了明显的变化，它就像一个衬架。这种裙撑原来是马鬃制成的，后来发展成为24个钢箍（图4-19~图4-21）。1850年底英国人发明了不用马尾衬的裙撑，这是用鲸须、鸟羽的茎骨、细铁丝或藤条做轮骨，用带子连接成的鸟笼子状的新型克里诺林。裙撑造型由过去的圆屋顶形变成金字塔形，前面局部没有轮骨较平坦，后面向外扩张较大。这种克里诺林质轻有弹性且穿着更加方便（图4-22）。

图4-20 1865年女子的服饰

图4-21 1860年女子的服饰

图4-22 克里诺林裙撑骨架

（二）男子服饰

19世纪后半叶，男装上衣、基莱、长裤（庞塔龙）的三件套式的基本组合形式已经趋于确立。从此男子服饰便朝着简朴化、定型化、场合化的方向发展。从这个时期开始男子的服饰基本以黑色为主，这也成了当代男式正装的标准色彩。同时这个时期是用同样质地同样颜色的面料来制作这三件套服装，这也是现代男装的基本型。日间礼服则从原来的“阿比”款式改为夫罗克·科特（Frock Coat）款式。泰尔·科特是夜间礼服，也就是现在说的燕尾服：戗驳头，前襟衣长及腰围线，后面呈燕尾状，衣长及膝。毛宁·科特则是晨礼服，前襟向后斜裁下去，衣长及膝（图4-23～图4-25）。

图4-23 1868年男性晨礼服

图4-24 1845年男性外套

图4-25 1870年德国式样男装

这个时代开始不同用途的男装也逐渐开始了非公式化的划分。比如，室内用服饰、旅行用服饰、运动用服饰等。非常实用的“夹克”和“背心”式的上衣则更多地被普通阶层的人们所穿着。当时流行的一种名为“夹克”的便服，就是现在所说的“西服”。这种服装过去曾是下层劳动者的常服，这个时期则被普及于一般的男子阶层成了外出便服。这种服装腰部没有接缝、稍有收腰、衣长及臀、一般为平驳头单排2～3粒扣。

四、巴斯尔与S形时代服饰

19世纪末到20世纪初，英、法、德、美等国家进入了帝国主义阶段。帝国主义之间相互争夺市场和殖民地，最终引发了第一次世界大战。但在大战前的这段时间里，人们还是陶醉在短暂的和平世界里。在世纪末的转换期里，服装风格的流行经历了“巴斯尔时代”和“S形时代”。随着拿破仑三世被俘，欧仁妮皇后逃亡英国，克里诺林时代便宣告结束。在1870年左右臀撑开始复活，女性服装廓型的重点转移到了身后，利用臀撑塑造女性侧面夸张的曲线。这就是巴斯尔时代或称臀撑时代。接近20世纪初的时候由于受到“新艺术运动”的带有明显流动曲线造型特点的影响，女装造型也从侧面的巴斯尔臀撑形向优美的S形转变，这个时期就被称为“S形时代”。

（一）巴斯尔风格的流行（1870～1880年）

1860年以后克里诺林裙撑逐渐被腹部平直、臀部挺起的巴斯尔臀撑所替代。巴斯尔造型自1870年左右登场1890年左右消失。巴斯尔造型实际上是源自于波兰风罗布的造型，随着流行的变化巴斯尔造型也千变万化。巴斯尔时代女装最大的造型特点就是凸臀，除此之外拖裾也是特点之一。巴斯尔时期出现过带有1～2m拖裾裙摆样式的裙型（图4-26、图4-27）。另外，巴斯尔时代除了注重女装造型以外，强调服装表面的装饰效果也是这个时代女装美的另一种诠释。为了丰富装饰效果，女装上甚至使用了很多室内装饰的手段。比如，将窗帘上的一些悬垂装饰、床罩或沙发边缘的一些褶皱装饰、流苏装饰等运用到女装上（图4-28、图4-29）。为了塑造臀部凸起的造型，臀撑一般用铁丝或鲸须制成后凸式臀撑架，同时不但利用臀撑增加臀部的膨胀感，还通过利用罩裙的层叠、叠加、翻折等结构来增加臀部的膨胀感（图4-30、图4-31）。比如，将外面的罩裙从两侧向后臀部抽起，下摆加长加大，以此呈现人鱼式的拖裾下摆。

这个时代服装发展的另一个特征就是运动服的诞生。1880年代上流社会开始流行各种运动，如高尔夫球、溜冰、网球、骑马、游泳等。由于巴斯尔样式无法适应各项新兴的运

图4-26　1880年巴斯尔造型女裙

图4-27　1883年巴斯尔女裙

图4–28　1883年的巴斯尔造型女裙

图4–29　1874年巴斯尔女裙

图4–30　1880年巴斯尔裙撑架

图4–31　巴斯尔臀撑（1870～1880年）

动，所以上流社会的女性们从事这些运动时就要穿着各种不同用途的运动服，这无形中促进了女装的现代化进程（图4–32、图4–33）。

图4-32 1890年女子网球服

图4-33 1892年女子骑车服

（二）S形裙装的流行（1890～1910年）

在巴斯尔时代后期女装则进入了一个从古典样式向现代样式过渡的重要转换期。受到新艺术运动的影响，巴斯尔样式不再流行，女装外形变成了流畅的S形。法国的传统女装理念中被注入了英国女装的所谓“运动感”意识。女装中更多出现了夹克式外套上衣与裙子的搭配等具有实用功能的特征。S造型女装的特点是用紧身胸衣将女性胸部向上方托起，腰部同样被束紧，腹部被束成平缓的廓型，同时通过裙撑塑造丰满的臀部造型，裙摆则呈小喇叭状展开。S形样式女装的袖型出现了文艺复兴时期羊腿袖的复归，袖子上半部分的造型是膨起的泡泡袖或灯笼袖，肘部以下的袖型则变得非常贴合小臂的廓型（图4-34～图4-37）。由于需要塑造非常特殊的S形造型，所以紧身胸衣的塑身作用非常重要，

图4-34 1905年S形女装

其造型也与其他时代的紧身胸衣的造型有所不同。以前的紧身胸衣只偏重塑造腰身以上的造型，而S形造型的特殊需要使紧身胸衣在结构上出现了一些变化。除了在上身要将胸部高高托起的同时，紧身胸衣还要起到压平腹部的作用。同时，吊袜带也是这个时期紧身胸衣的一个特征。这时的胸衣下方都有吊袜带，这也是现代紧身内衣的雏形（图4–38）。

图4–35　1903年S形女装

图4–36　1892年沃斯设计的女裙

图4–37　1895年沃斯设计的女裙

图4–38　S形时代女子的内衣和胸衣

（三）现代意义的男装

自18世纪开始男装潮流的变化一直是以英国为样板，而现代意义的男装也是基于英国样式基础上形成的。古典男装到了20世纪初逐渐被现代男装意识所取代，而古典男装则逐步演化为现代意义的男式礼服。男装根据使用场合的不同，确立了不同礼仪等级的男装着装样式，这些样式就是古典男装的缩影。

这个时期的男装已经从追求服装外观上的装饰美转变为注重服装穿用的场合、时间的着装理念。对于上装、背心、裤装（庞塔龙）、衬衫、领带等不同服装种类、服饰品的选择与搭配都要考虑到穿着服装的场合。同时，随着近代社会体制的发展，通过服装来显示社会阶层和地位的意识越来越被新的非阶级化的着装意识所取代。在这样的趋势下，现代意义的男装概念也基本形成。同时，帽子成了男人最重要的服饰配件。男人们平时都要佩戴帽子，不同场合也要佩戴不同形状或类型的帽子（图4–39、图4–40）。

图4–39 1901年男性晨礼服

图4–40 20世纪初的美国绅士

第二节　中国近代服饰

一、清代服饰

清代（17世纪前半叶至20世纪前半叶）经历了将近三个世纪。与此同时，中国服饰文化发展到近代很大程度上受到了满族服饰的影响，甚至这种影响一直延续到当代。建立清政权后，在汉族传统封建服饰制度的基础上融入了满族的服装款式，形成极具清代特征的服饰文化。

清代统治者为了强化对中原汉族人民的统治，强制推行服装制度的改革。要求汉人留满式辫子、穿满族服装，力图通过穿满族服饰的方式来同化汉人。在清初，这一举动激化了民族矛盾，遭到了汉人的强烈抵制。为了平衡这种矛盾，明代遗臣金之俊提出了“男从女不从，生从死不从，阳从阴不从，官从隶不从，老从少不从，儒从释道不从，倡从优伶不从，仕宦从婚姻不从，国号从官号不从，役税从语言文字不从”的“十不从”建议。就是说在服饰方面，根据不同场合、不同人群来判断应该穿着的服装属性。这样才缓和了满汉之间由于服饰观念不同而造成的矛盾。满族是女真人的后裔，因此满族的服饰很多都是在女真人服饰的基础上发展来的。

（一）冠服制度

清代与其他少数民族统治者不同，他们坚持以满族传统服饰为基础来确立冠服制度。所以清代的冠服制度与明代相比有了很大不同。虽然冠服的款式基本来自于满族服饰，但是也融入了彰显统治者权威的“十二章纹”以及明代品服中的补服的特征。因此清代冠服是整个中国服饰发展进程中比较别具一格的。

清代冠服制度非常细致烦冗，服装的种类、配件、材料等品种极多且使用时规定严格。如蟒服、披肩、翎顶、质料、补子、朝珠、翎子眼数等。篇章有限只将最主要的样式加以介绍。

1. 男女朝服

清代皇帝最正式的礼服基本为满族人的服饰样式。肩部饰披领，穿上衣下裳相连的圆领大襟袍服，袍服腰部打褶、膝盖处有横襕，窄袖且袖口为马蹄口，脚下配靴（图4-41、图4-42）。朝服分冬朝服、夏朝服。清代皇帝在出席祈谷、祈雨祭祀仪式时会穿一种衮服或称龙褂。款式为圆领对襟，衣长及膝，平袖且袖与肘齐。一般在两肩、前襟、后背处会对称装饰龙纹图案。

女子朝服多为朝褂，朝褂根据穿着者身份的不同装饰也略有不同。其款式一般为圆领对襟，前后为开裾式，无袖长背心式。女子穿朝服时要在朝褂第二粒扣上装饰一条长约1m的

图4-41 清乾隆皇帝冬朝服

图4-42 乾隆皇后朝袍

饰物，名为“彩帨（shuì）”（图4-43）。女子朝袍分冬夏两种，与皇帝朝袍类似也是披领与袍服的组合，在腋下到肩装饰有上宽下窄的护肩。皇后直至嫔妃也可穿龙褂，式样也为圆领对襟、左右开衩，平袖长服。皇帝、皇后也都穿龙袍，龙袍为一种圆领右衽大襟袍服，窄袖马蹄口。皇帝龙袍上多装饰九龙十二章纹。

另外，清代的男女礼服制度中除了冠服之外还要佩戴一种朝珠。这也是清代朝服的重要组成部分，其他朝代是没有的。朝珠来自于佛教中的数珠，由于清代信奉佛教，所以在清代的冠服制度中无论皇室、大臣、男性、女性均要在胸前佩戴朝珠。

图4-43 清代刺绣彩帨

2. 男女冠帽

清代的冠帽完全改变了之前朝代的冠帽样式，以满族特有的冠帽形式作为皇帝最正式的礼仪冠帽。皇帝冠帽根据季节、使用场合分为冬朝冠、夏朝冠、吉服冠、常服冠、行服冠甚至雨冠。皇后的冠帽则主要以身份区分，如皇后、太皇太后、皇太后、皇贵妃、妃、嫔的冠帽形式都不同。朝冠基本形制为冠体呈斜坡状的圆顶帽，边缘有较窄的檐边再根据季节、使用场合形制来做不同装饰。常服冠是一种圆形帽，冠顶一般装饰很长的红缨。这种冠后来一直普及到普通百姓阶层，就是人们常说的“瓜皮帽”。女性的朝冠基本形制为冠体呈半圆坡状，周围包裹较高的冠檐，冠顶装饰宝塔形装饰（图4-44～图4-46）。

图4-44 清高宗夏季朝冠

图4-45 清光绪帝黑缎拉锁绣常服冠

图4-46 清皇贵妃夏朝冠

3. **补服与翎子**

补服是清代文武官员的官服。款式一般为圆领对襟衣，长至膝下，平袖袖长及肘，门襟有五粒扣。衣服前襟、后背都装饰与官员官品相配的带纹样的补子。清代补子的纹样从形式到内容都由明代补服发展而来，但与官品相对应的纹样题材略有不同。除了补子，清代还用装饰在冠帽顶端的翎子来区分穿戴者的身份。翎子一般分花翎、蓝翎等。花翎就是孔雀翎，又分单眼、双眼、三眼等。清代命妇的服装与男性官服相似，但是清代的霞帔与明代略有不同。清时的霞帔逐渐演变成背心式，也绣补子区分地位（图4–47～图4–49）。

图4-47 清代官员补服

图4-48 清代三品孔雀纹补

（二）一般服饰

1. **男子服装**

清代男子的一般服饰为马褂、袍、衫等。长袍或长衫外搭配马褂、马甲是清代男子最常见的服装搭配。马褂一般长度及膝，左右开衩，袖口平直，领口形式较为多样，有对襟、大襟、琵琶襟等。马甲则是一种无袖的紧身短上衣，也就是人们说的坎肩。马甲的领型也比较多样，有琵琶襟、对襟、大襟以及多纽扣式横襕襟等。

2. **女子服装**

清代女子服饰满汉服饰特征比较鲜明。满族女子不允许穿着汉人的服饰，因此出现了满族女子穿满式服饰，汉族女子穿着汉人服饰的分化现象（图4-50、图4-51）。

清代满族女子也穿马褂，款式基本与男子相同但全身装饰纹样，同时袖型与男子马褂略有不同。女子马褂包括挽袖与舒袖两种。挽袖是袖子长于手臂穿着时向回挽起。舒袖是袖口短于手臂。女子也穿马甲（坎肩）多穿于旗袍外面。女子穿在马甲内侧的衬衣就是人们常说的旗袍也是满族女子的一般常便服。款式多为圆领、右衽、平袖且衣长及踝、一般无开衩。当时的裙类服装主要是汉族女性穿着，款式有百褶裙、鱼鳞裙、凤尾裙、红喜

图4-49 清道光五品夫人白鹇补霞帔

图4-50 晚清满族女性刺绣对襟褂

图4-51 汉族女性低领镶边长袄

裙、马面裙等（图4–52）。随着时代的变迁，满族的旗袍经过改良和变化一直延续到了当代，但是汉族女性的裙子逐渐消失，现在只能在一些西南少数民族地区还可以依稀看到类似的款式。例如，汉族女性百褶裙基本的款式是裙身前后各有20cm左右的无褶裙片，在裙子两侧打小细褶，裙身及下摆处多装饰丰富的纹样。

图4–52 红绸裙

（三）发式及配饰

1. 旗髻

旗髻是一种典型的满族女子的发式，也称“两把头”“大拉翅”。满族无论宫廷贵族女性还是普通阶层女性都梳这种发髻，而且不同时代旗髻的样式与装饰风格都不尽相同。概括地说这是通过一种名为“大扁方”的辅助道具将头发分股盘旋缠绕在大扁方上呈现一种T字形的发式。缠绕方式多种多样，发髻上的装饰也很丰富。有的侧面垂流苏，有的还要在发髻上簪花等。

2. 遮眉勒

这是清代满汉女性常用的一种头部装饰物。一般在天气较冷时将遮眉勒系在前额处，既可以起到御寒的作用，又不失美观的装饰效果。

3. 指甲套（护指）

清代满族女性有蓄长指甲的习惯，并以鲜花瓣给指甲染色，因此就出现了一种保护指甲的装饰物护指。这种护指尤其在满族贵族女性中非常流行。护指一般长5.5cm左右，用珍贵金属制作，制作及装饰工艺极度奢华（图4–53、图4–54）。

4. 靴、鞋

清代男子一般穿靴，满族女子继承了女真族的传统穿一种木底鞋，名为“旗鞋”。这种鞋鞋底中部有一个10cm左右的高底，其形状类似花盆或马蹄，所以也称为“盆底鞋”或“马蹄鞋”（图4–55～图4–57）。

二、民国以后服饰

1840年鸦片战争以后中国进入半封建半殖民地社会。中国的服饰文化到这里已经经历了一个从孕育、发生直至成熟的过程，在之后的时代里由于特殊的社会性质和变革，服饰进

图4-53 清玳瑁嵌珠宝翠玉葵花指甲套-1

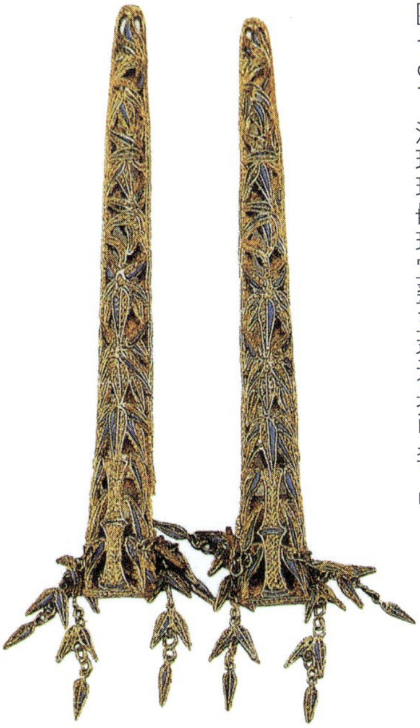

图4-54 清玳瑁嵌珠宝翠玉葵花指甲套-2

图4-55 清缠足尖头小弓鞋

图4-56 刺绣嵌宝石马蹄底女鞋

图4-57 晚清花盆底女棉鞋

入一个西方服饰与中国传统服饰观念碰撞的阶段。从此时开始中国服饰发展的历程开始转折，传统的着装理念发生了颠覆性的变化，逐渐发展成当今完全西化的着装理念。

清代中晚期，清政府仍以“中学为体，西学为用”的思想，引进西方军事知识、强化军队、镇压人民起义。服饰文化受此影响出现了西式的学生衣、军装，这些服装逐渐在中国的学生、军人中流行，由此开启了服装西化的篇章。

1911年辛亥革命推翻了中国最后一个封建王朝。中华民国临时政府颁布《剪辫令》，人们的衣冠服饰也发生了巨大的变化。由此，中华服饰开始了平民化现代化进程。此时为了与传统的封建社会决裂，实施了服饰改革，孙中山先生创导的“中山装”第一次改变了以往中国人传统的着装理念。

辛亥革命以后，清代的冠服制度被废除，满族男子的发式和女人的缠足恶习均被废除。当时的男性礼服分中西两种款式。西式礼服效仿西方男士礼服的款式，中式礼服为长袍加马褂（图4–58、图4–59）。女装在这个时期最为流行上衣加下裙的款式。上衣有衫、袄，结合满族女装有直襟、偏襟、琵琶襟、一字襟等（图4–60 ~ 图4–65）。

图4–58 漳绒松鹤纹长衫

图4–59 对襟窄袖团花马褂及礼帽

图4–60 彩绣高领长袄、马面裙

图4–61 红地绣银花高领长袄

图4-62 低领、刺绣圆摆短袄

图4-63 套裙

图4-64 短袄、套裙组合

图4-65 缀光片袄裙组合

当时上海是中国最繁华的城市之一，也是中西方文化交流的中心。上海一些时髦男女的服饰是西方服饰文化对中国服饰影响的典型体现。当时的女装最典型的款式就是高领窄袖长袄搭配长裙。同时期，受到西方服饰的影响，西装以及西式连衣裙也是当时流行的款式。

中国近代女性普遍流行穿着旗袍。20世纪20年代中晚期以后，汉族女性也开始穿着旗袍，这种旗袍是从清代满族女子的旗袍中发展而来，并在原来清代旗袍的基础上推陈出新。清末满族女性的旗袍款式特点是宽大、平直，长度及踝，衣身上多刺绣。20世纪20年代初期，旗袍逐渐普及，经过融入西式裁剪的方式，使旗袍既保留了原有的服饰特征的同时又可以更好地展现女性柔美的曲线，这就是“改良旗袍”。20世纪20年代末期的改良旗袍受到西方服饰的影响，款式变得收腰且紧身，裙长逐渐变短。到了20世纪30年代旗袍已经非常流行，其款式变化丰富，多集中在领子、袖子、衣身长度等方面。最终旗袍成为近代中国女性的主要服饰（图4-66、图4-67）。

20世纪30年代以后，“时装”概念在中国出现，近代女性穿着所谓的“时装”成为中国服装发展史上一个新的转折（图4-68）。近代随着传统衣冠制度的废除，人们可以逐渐按照自己的意愿与喜好来选择服饰，服饰的面料、色彩、纹样不再受到任何限制。加之，西方服饰理念的引入形成了近代特有的“时装”风格，也出现了近代服装相对繁荣的局面。近代特殊的社会风尚与文化决定了当时“时装”流行和传播的方式。报纸、杂志以及电影业的兴起都成为当时新款服饰的传播途径。

图4-66　1920～1930年旗袍款式演进-1

图4–67 1920～1930年旗袍款式演进–2

图4–68 1930年代女性『时装』

思考题

1. 列举西方近代服饰中几个服装廓型发生变化的时期。
2. 简述中国清代服饰特征。

第五章 中西方交融的现代服饰

课题内容： 1. 20 世纪早期服饰

2. 20 世纪中期服饰

3. 20 世纪后期服饰

课题时间： 16 课时

教学目的： 使学生了解现代服饰的发展与变化，并掌握 20 世纪以后服饰多元化风格的形成与时尚流行的特征。

教学方式： 理论讲授、多媒体课件播放。

教学要求： 1. 了解现代服饰文化呈现的特征。

2. 分析未来服饰发展的趋势。

3. 了解现代服饰中主流与非主流服饰风格的特点。

现代服装发展多元化、风格化的倾向，极大地丰富了现代服装演变的进程。在这个过程中，各种文化现象的突起，大批杰出设计人才的涌现，无不各领风骚地引领了服装业的发展，服装这个概念也前所未有地在不同文化的冲突与交融中得到了扩展与延伸，推进了现代服装演变的进程。

随着男女平等观念的逐渐形成，20世纪成为现代时装业的发展基奠期。现代意义的时装开始逐渐趋于形成。20世纪是多元化、信息化的世纪。在整个20世纪中发生了两次世界大战、经济危机，这些都影响了整个世界政治、经济的格局，社会在以史无前例的速度发展。科技和创新成了20世纪的关键词，高科技也引发了全球化意识。这种意识也同样影响了服装业的发展。

20世纪的中国经过了多年的战争，1949年中华人民共和国成立，经济的艰难以及政治环境与社会环境的独特性，导致了这一时期展现在服装领域的变化较少。在剔除封建社会陈旧思想的过程中，中国人的着装意识以及服装款式经历了沿袭民国之风的简单化、制式化的过程。随着改革开放的步伐，经济与人文环境发生了变化，也使得服装的发展状态有了丰富的变化，这一变化的特征主要体现在中西方文化的交融方面。现在中国的服饰文化也进入到了一个新的时代。随着21世纪的到来，中国的服饰文化逐渐地与世界接轨，也逐渐地在世界时装舞台上绽放异彩。

从史学的角度讲，现在服装文化的发展依然处在进程之中。因此，所谓中西方融合的“现代”服饰仍在中国乃至世界范围内继续前行着。

第一节　20世纪早期服饰

一、1900～1930年代

（一）1900～1930年代的女装

19世纪末期开始，资本主义社会经济逐渐趋于成熟，随着资本主义的发展形成了新的工业资产阶级。新兴资产阶级的出现，促使拥有新的消费能力的新消费群体开始出现。19世纪末女性解放运动的兴起颠覆了以往的穿着观念，到了20世纪性别已经近乎平等，这也成为现代服装业发展的重要背景。基于这样的社会背景，女性希望更多地参与社会生活，更多地参与男性主权社会的社会圈，因此对于服装的需求就更趋向于多变化、多个性的要求。由于生活方式的改变，女性们对紧身胸衣的不满越来越强烈，希望能够从束缚中解脱出来，让人体回归自由的状态，让服装为身体服务。性别平等是20世纪现代时装业形成的重要背景之一。

随着19世纪末西方女权主义运动的影响，20世纪初女装的实用性意识逐渐成为女性新的着装理念，也成为女装发展的新方向。自19世纪50年代以来，虽然出现了一些带有相对明确使用功能性目的的，但20世纪初的女性仍然穿着限制性服装。随着女性独立意识和健康意识的加强，传统的紧身胸衣逐渐退出服装舞台，女装的廓型则趋向于“H”形（图5-1）。此时女性连衣裙的腰位通常较高，衣身相对宽松，同时为了便于活动，袖子也较为宽大。这个时期服装面料的风格则受到古希腊、文艺复兴或拜占庭艺术的影响，流行一些结合了新艺术的旋涡线条和图案。

1909年夏天，由谢尔盖·佳吉列夫创办的俄罗斯芭蕾舞团在巴黎首次演出，演出非常成功。接下来的十年里，欧洲的各个城市都出现了各种芭蕾舞剧的演出，因此芭蕾舞服式样的套装和色彩鲜艳的服装成了当时欧洲时尚的主流。服装设计师保罗·波里埃（Paul Poriet）受到芭蕾舞服饰的启发，设计作品中融入了很多中东和亚洲的元素，将带有东方风格的女装设计带入了欧洲时尚潮流中（图5-2）。

第一次世界大战的爆发加速了女装实用化的进程，传统女装上烦琐的装饰逐渐减少。由于战争的原因，女性要从事很多本来以男性为主的工作，如铁路搬运工、有轨电车司机、公共汽车售票员、窗户清洁工甚至焊接工。因此，战争期间许多女性已经习惯穿着实用的制服或工作服。同时，一些军用制服也成为当时的流行款式（图5-3）。比如，第一次世界大战期间英国军官们穿的一种厚呢短大衣（British Warm）也成为男女皆穿的时髦服装。

图5-1 1909年「H」形女裙

图5-2 1911年保罗·波里埃设计的「一千零一夜」主题女装

在第一次世界大战后，经过了将近十年的时间在20世纪20年代逐渐形成了一种新女性形象，这也是现代意义女装廓型的开端。这种新女性形象以短发和及膝长裙最为典型。女性形象最根本的改变就是女性的小腿部分逐渐被显现出来。因此，裸露的小腿、长袜和鞋子成了女性服饰中最重要的部分。长袜一般由真丝或闪亮的人造丝制成，颜色也从19世纪的深色长袜变成了肉色和柔和的粉色（图5-4、图5-5）。

随着新女性形象的流行，女装廓型以流畅的H型为主，但是在20世纪20年代中后期也出现了一种胯部略带膨起的连衣裙廓型。这种连衣裙的造型与新女性形象流线型的连衣裙形成鲜明对比，在裙装腰臀部位加入柔软撑架使连衣裙的腰部形成略微膨起的廓型。服装设计师珍妮·朗万（Jeanne Lanvin）的女装作品中经常出现这种廓型的连衣裙（图5-6）。20世纪20年代末期，女性的裙腰逐渐降低，裙长逐渐缩短，1927年左右裙长最短可至膝盖处。女性裙装的廓型还是延续直线的H形轮廓（图5-7），裙型依旧较为宽松，但有时上衣与裙子呈现两种不同的颜色。同时，钟形的披风帽、宽边帽、短发依然流行。

20世纪20年代，随着运动休闲服饰以及度假服饰的普及，女性开始穿羊毛衫和针织开衫。早在1913年，夏奈尔（Gabrielle Chanel）就在诺曼底海滩穿上了一件长毛线衫。这种针织纺织品以前只是用于内衣，夏奈尔大胆地将针织面料用于大衣和套装的制作（图5-8）。最初的针织、毛织服装比较昂贵，尤其是带有图案的毛衫价格不菲，后来随着针织技术的提高和工业化生产方式的兴起，在大众市场也可以买到更便宜的毛织、针织服装。同时，针织羊毛衫、外套穿着起来非常舒适且易于活动，因此受到了“新女性”们的青睐（图5-9、图5-10）。几个世纪以来，欧洲的贵族女性一直担心被阳光晒黑，女性拥有雪白的皮肤才能证

图5-3 制服式样女装

图5-4 低腰围线女性连衣裙

图5-5 美国杂志上刊登的时髦女性

图5-6 朗万设计的女裙

图5-7 法国工型女裙

图5-8 1927年夏奈尔套装

图5-9 1924年女性针织衫

图5-10 1928年女性针织套装

明自己过着没有户外劳作的贵族生活，到了20世纪20年代则开始流行穿着可以暴露出更多皮肤的服饰，人们的审美意识进入到了“晒黑时代”。雪白的皮肤曾经是贵族女性的标志，而此时只有整日在办公室或工厂厂房内从事室内工作的工人才有可能拥有雪白的肤色。20世纪20年代，可以到海边度假在沙滩上晒日光浴才是有闲、有钱阶层流行的生活方式。因此，此时古铜色和小麦色的肤色才是有钱阶层身份的象征，而白皙的肤色则是普通劳动阶层的象征。随着这种肤色象征意识的明确，到海边度假成了新的生活方式，这无疑带动了沙滩装、浴衣样式服饰的流行（图5–11、图5–12）。

图5–11 1926年沙滩装

图5–12 1929年沙滩装风格女装

（二）1900～1930年代的男装

20世纪10～20年代的十年间，男性的正式礼服依旧延续之前的样式。但是，随着生活方式的变化和穿着场合需求的不同，男性的非正式服饰逐渐形成。如观看歌剧、舞会或参与正式的晚宴，还是必须要穿着燕尾服的，但在法国度假胜地的赌场里或者在远洋客轮的餐桌上，男性可以穿着相对一般性的礼服，而以前是必须穿着晚礼服的（图5–13）。

1922年，一位时尚评论家称“休闲服（Suit）已成为几乎普及的男性实用性服装”。这里提到的休闲服就是熟知的西服。虽然西服是当时男性非正式的服装，但是在西服的质地和裁剪技术方面还是非常讲究的。当时男性依然要到裁缝店量身定制。当时最知名的西装店就是英国伦敦的“萨维尔裁缝街”（Savile Row），这里聚集了世界最顶尖的裁缝师，现在这里也仍是男装高级定制的圣地。萨维尔裁缝街推出的英式西装注重裁剪细节，款式较为合体（图5–14）。当时，除了英国式样的西装，还流行一种相对宽松、柔软的美式西装，这种西装被称为“麻袋装”。

图5-13 1927年朗万设计的男式礼服

图5-14 1927年英国男式西装

二、1930～1940年代

（一）1930～1940年代的女装

到了20世纪30年代，女性审美意识发生了一些变化，从之前相对丰满圆润的形象转变为流行消瘦的美。这种新的审美意识使女装出现新的廓型变化，新的裙型又长又瘦，腰围恢复到正常位置，裙长一般到小腿处。腰带、纽扣、大的皮草披领、手套成了当时女性最重要的配饰，女性外出基本都要佩戴手套或者将手套拿在手里。发型依然流行短发，帽子则流行较为贴合头部的小型帽子（图5-15、图5-16）。20世纪20年代末至30年代，短款式样的晚礼服被裙长曳地的长款鸡尾酒服所替代。

1930年9月，法国杂志*L'officiel de la mode*刊登了极具古典主义风格的最新巴黎时装作品，揭示了当时时尚趋势受到了古典主义艺术和希腊艺术的影响。20世纪30年代，在新古典主义的影响下女装出现了一些长袍式样的连衣裙款式，裙装中还经常使用古希腊服饰的悬垂性褶皱作为装饰（图5-17）。尤其在女性礼服中新古典主义的特征则更为突出。这类风格的礼服多使用悬垂性较好的织物，如丝绸或缎子，再结合一些不对称的褶皱结构，使整个礼服廓型流畅，更加凸显了女性身体的美感。色彩则以白色、灰色为主，偶尔也使用黑色或亮色。

20世纪30年代，女性运动及休闲服饰进一步发展，“形随功能”是当时体育休闲服饰的

图5-15　1936年女装

图5-16　1931年女装

图5-17　1937年阿利克斯·巴顿（Alix Barton）设计的女装

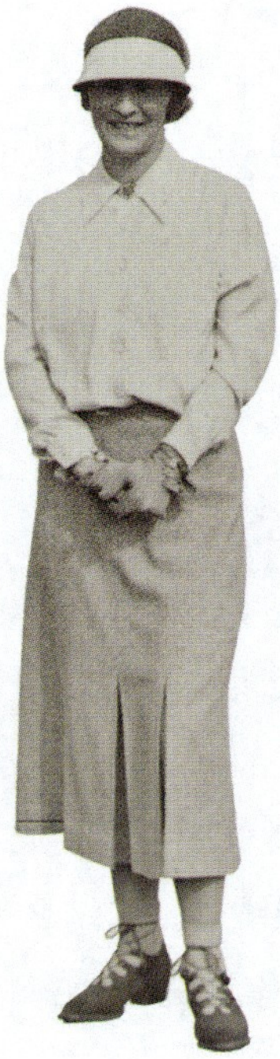
图5-18　1933年女性高尔夫球服

穿着指导原则。这种着装意识意味着女装必须部分或完全放弃琐碎的装饰，从而形成了一种简洁现代的女装外貌。尤其在美国，运动服这个词变得很常见，不仅指打网球或高尔夫球时穿的衣服，也指旅游和休闲时穿的休闲服（图5-18）。服装设计师阿米莉娅·埃尔哈特（Amelia Earhart）为美国百货公司设计了一系列的运动服。例如，睡衣套装和宽腿裤都成了当时海滩和游艇上最时尚的款式，这无疑为设计开创了新的空间。

（二）1930～1940年代的男装

20世纪30年代开始，随着女性审美意识的变化，男性的审美也随之变化。宽厚的肩部、挺拔的胸廓、窄瘦的腰臀部是当时男性最理想的体形。男性正装的结构也随着这种新的男性审美意识而发生了一些细微的变化。英国伦敦著名的男装裁缝弗雷德里克·斯科特（Frederick Schotle）将骑兵制服的元素运用到男性正装中，窄腰、宽肩和宽大的袖窿成了男性正装的典型特征，也被称为“London Cut”。这种款式的正装是威尔士亲王率先穿着，随后便在美国流行，很快被好莱坞的名人们接受。从此美国好莱坞明星们开始取代了英国贵族和上流社会人士成为时尚偶像。同时，双排扣大衣、尖领驳头的条纹西装也是极受欢迎的款式（图5–19）。

20世纪30～40年代，由于网球运动和乘游艇出海成了中产阶级以上阶层流行的生活方式，男性休闲装束也开始蓬勃发展。在网球场和游艇上，男性们不再穿着正式的礼服，更加轻便舒适的男性休闲服饰开始流行。这些服装多使用轻便的织物再搭配一些针织物来制作，款式多为西装、夹克、宽松的裤子（图5–20）。在英国非常流行灰白色、米色或条纹的法兰绒（轻羊毛）织物制成的裤子，再搭配一件棉布或亚麻布质地的蓝色外套。运动夹克的款式虽然早在19世纪末期就已经出现，但在这个时期成了赛艇俱乐部里最常见的款式。同时，马球服、网球服、高尔夫球服在当时也是男性休闲的代表。这些男性服饰颜色较为鲜艳，有的有条纹或在服装的边缘有不同颜色的装饰，而且经常在胸袋上印有徽章。

图5–19 1936年歌手蒂诺·罗西（Tion Rossi）穿着的白色西装

图5–20 网球名将弗雷德·佩里（Fred Perry）穿着的休闲便装

第二节 20世纪中期服饰

一、1940～1950年代

（一）1940～1950年代的女装

第二次世界大战的爆发再次影响了服饰的发展，期间英国军队中有将近五十万女性，美国军队中有大约四十万的女性。因此，女性制服成了当时女装发展的新趋势，军式制服式样的女装是当时最流行的款式。比如，一件蓝色军装式样的夹克搭配一条直筒裙是最时髦的打扮（图5-21）。

图5-21 1942年女性套装

由于战争的原因，1941年3月英国政府实施了紧缩政策，限制服装生产所用材料的数量以及拉链、纽扣等配件的使用。1941年6月，实行定量配给制以确保生活必需品的公平分配，购买服装、面料、鞋类及针织纱线时，必须出示优惠券。同时，标有CC41（民用服装）标签的衣服必须遵守政府规定的质量标准并受到价格控制。1942年5月，英国贸易委员会要求伦敦时装设计师联合会要给大众提供实用性的服装设计。英国版*Vogue*也称新的女装廓型应该是简洁、直接的。1940年6月德军占领巴黎，由此法国以及欧洲其他地区的时装业中断了四年。在此时美国时装设计师已经形成了一种独特的设计风格，即更着重于设计易于穿戴的现代服装，而不是巴黎的精致高级服装。实用性是其一个突出的特点，这导致了服装设计重点的变化。比如，面料必须方便洗涤、穿着，款式上要更具实用适应性，一件服装可以与更多其他款式的服装相搭配。同时，服装的手工定制逐渐被大规模工业生产所取代，现代成衣（Ready-to-wear）概念逐渐形成（图5-22）。

图5-22 1946年战后时髦女装

（二）1940～1950年代的设计师

在1945年巴黎春季时装周期间，美国版*Vogue*刊登了评论为“裙长越来越短，巴伦西亚加（Balenciaga）设计的裙子只过了膝盖一点点”。第二次世界大战期间，法国服装的霸主地位受到了挑战。1944年8月巴黎解放后，法国设计师开始争夺时装界的位置并寻找新的女装廓型。1947年，法国高级时装设计师克里斯蒂安·迪奥（Christian Dior）推出了一套“新外观”（NewLook）女装系列，使柔美的浪漫主义女性形象在战后得到复归（图5-23）。整个系列以细腰、圆臀、膨起的裙摆等元素将女性身体沙漏型的曲线彰显无疑。同时，迪奥还推出了用英文字母来确定女装廓型的观念。

第二次世界大战结束后，欧洲的中产阶级迎来了新的时代以及不同的生活方式。其中在家中举行鸡尾酒会是当时社交生活新的变化。因此，鸡尾酒礼服、戴面纱的鸡尾酒会礼服帽和手套是参加这种社交活动必不可少的服饰。晚间六点到八点之间，女性们参加聚会则要穿着天鹅绒、锦缎等奢华材料制成的正式长裙。迪奥首先创造了“鸡尾酒礼服”这个词。当时，高级女装晚礼服通常是由富有的精英人士在舞会和盛大场合穿的，也就是高级时装。设计师们使用最好的织物和最复杂、精致的手工工艺来制作它们。20世纪40年代涌现出了很多杰出的高级时装设计师。比如，法国设计师皮埃尔·巴尔曼（Pierre Balmain）、于贝尔·德·纪梵希（Hubert de Givenchy）。西班牙设计师巴伦西亚加和美国设计师查尔斯·詹姆斯（Charles James）。

图5–23 1947年迪奥新外观女装

二、1950～1960年代

从20世纪50～60年代开始，西方的时尚和服饰文化的发展越来越趋向于多元化，这个时期也是现代意义的时装真正形成的年代。无论从产业成熟、时装业运作营销、媒体炒作方式、不同领域文化对服饰的影响等方面来看，现代意义的时尚业都是从这个时期开始的。各种不同风格的服装和各具特点的设计师及服装品牌不断引领着时尚的流行。同时，各种不同的文化也越来越多地影响着时尚潮流。随着服饰文化的发展，主流文化和非主流文化相互影响，为时尚领域注入了新的元素和活力。尤其在20世纪中期以后，非主流文化在很大程度上影响了现代时尚业的流行趋势。因此，带有鲜明特征的亚文化现象是20世纪服装发展史的重要内容和构成元素，这些文化影响了20世纪服饰潮流趋势的发展，甚至一直延伸到当代。

（一）女式套装和休闲装

女式套装是20世纪50年代最流行的时尚潮流之一。这时的女式套装用带有建筑感的结构塑造了女性雕塑般的廓型。从20世纪30年代中期开始，现在意义的成衣就成了女性衣柜里重要的组成部分。到20世纪50年代，服装设计师们利用裁缝技术通过成衣依然可以创造出像高级女装一样的理想女性形象（图5-24）。比如，美国设计师查尔斯·詹姆斯和西班牙设计师巴伦西亚加都在女性套装的设计中融入了新的创意：通过垫肩衬垫以及紧贴在身体上的新式胸衣，塑造了完美的X型曲线，套装中的半裙往往长度及膝。

图5-24 1950年迪奥设计的羊毛女套装

20世纪50年代，随着经济的繁荣使得休闲概念成为人们生活方式的主流。休闲度假已经不再是有钱有闲阶层的奢侈生活，而是更多的人都可以实现的时髦生活。随着这样的生活方式的流行，对于度假服饰的需求量骤增。为了适应这样一个蓬勃发展的新市场，整个时装业出现了一种新的服饰类别就是休闲装。这时的休闲装色彩艳丽，带有夏威夷花卉、印尼蜡染以及动物图案的织物被广泛使用。

随着度假等休闲活动的流行，越来越多的人也开始参与各种体育活动，无论是网球和保龄球、足球和板球、滑雪和击剑，还是高尔夫和各种乡村俱乐部都是当时非常流行的运动。即使有些人不参加体育活动，但人们也希望自己看起来像是在追求一个健康的形象。一些好莱坞电影也反映了当时人们的这种对新形象的追求。比如，凯瑟琳·赫本在《帕特和麦克》（1952年）中饰演冠军运动员时，她的健美身材和时尚的运动服饰引起了轰动。同时，第二次世界大战以后女性开始穿着裤子和短裤，加之弹性织物的普及使女性便服在舒适的同时也能够塑造女性苗条、柔美的曲线，逐渐地马裤、裤袜和裤裙取代了男装式样的宽松裤成为女性流行的裤装。

（二）泰迪男孩风尚（Teddy Boys）

19世纪50年代受战后生育高峰带来的婴儿潮（Baby Born）的影响，西方世界从青少年到青年期人口骤增，这就促使了年轻文化（Youth Culture）时代的到来。同样，年轻人的服饰发展在战后也较从前更受到重视。在英国出现了一种非常流行的时髦青年亚文化群体，由于他们都穿爱德华外套，人们就使用爱德华的爱称“Teddy”来形容他们，称他们为“泰迪男孩”（The Teds）。1953年9月23日的《每日快报》上第一次正式使用“Teddy Boys”来称呼他们，也同时宣布了“Teddy Boys”亚文化潮流的诞生。当然所谓“泰迪男孩”绝不仅是一身行头，它更是一种年轻人的生活方式。这些都是年龄在16～17岁的年轻人，刚离开学校正等待服兵役的通知（18～20岁）。这段时间他们非常闲暇，因此经常聚集在一起滋事或是在街道上骑着马力大的英式摩托车飞奔。他们标志性的形象也让他们格外容易被识别。青春的叛逆让他们抛弃了父辈们简朴实用的衣着，穿起了绝对绅士的服装。这些年轻人最典型的打扮就是爱德华七世时代的毛料镶天鹅绒领燕尾服、反折的铅笔裤、笔挺的衬衫上系着细细的领带（Slim Jim）、脚穿铮亮的古典系带皮鞋（Gibson），还留着纹丝不乱的“飞机头”（图5-25、图5-26）。

图5-25 1950年泰迪男孩造型

图5-26 1962年的泰迪男孩

受到泰迪男孩潮流的影响，战后英国伦敦的萨维尔街上的西装定制店，都推出了一种新的华丽式样的西装。这种新款西装借鉴了爱德华七世时代（1901～1910年）服装的特点，上装外套采用单排扣的形式，并且衣身较长较合体，在领口袖口经常用天鹅绒进行装饰（图5-27）。为了与之配套，搭配了瘦腿裤和设计精良的锦缎马甲。当时的英国正在极力地恢复国家民族的自豪感，而这种代表着上流社会的“爱德华式”风格正是一种传统时代的象征，逐渐地牵制了当时处于主导位置的美国文化。

图5-27 1964年爱德华式西装

1955年，埃尔维斯·普莱斯利（Elvis Presley）创作出了融入黑人音乐热情的山村摇滚（Rockabillies），以及晃荡左腿、摇摆胯骨的摇摆舞，这种新的摇滚音乐渐渐红遍了全世界，他的一切都成了年轻人模仿的对像。当然泰迪男孩们也不例外，模仿他的服装、唱法、发型、舞蹈，于是大鬓角“鸭尾式”发型取代了“飞机头”，皮底的吉普森（Gibson）鞋也被方便跳摇摆舞的厚底橡胶鞋（Creepers）所取代，而美国人发明的细绳领带也取代了细领带成了“Teddy Boys”的最爱。直到1964年2月7日，“披头士乐队”（The Beatles）取代了“猫王”在美国的地位，史上最伟大的英国乐队赢得了全球的乐迷，不仅带来了名为*Teddy boy*的歌曲，更带来了“Teddy Boys”的改良版爱德华外套，以及他们专属的丝绸黑西装、白衬衫、黑领带。直到20世纪70年代末，“Teddy Boys”的热度才渐渐冷却。

（三）乡村摇滚风尚

1955年，在20岁的普莱斯利正带着女孩子们颓废地摆动着腰部时，好莱坞明星詹姆斯·迪恩（James Dean）的电影名作《无因的反叛》也在全美上映，一时间所有的电影院都出现了爆满状态。迪恩在影片中饰演一位离经叛道的高中生，他那与年龄相比过于成熟的忧郁眼神、俊朗性感的外表和洒脱不羁的衬衫牛仔裤的形像让无数少男少女为之倾倒。詹姆斯·迪恩在电影中的形象和穿着引领了一种新的亚文化现象，被称为“乡村摇滚、摇摆舞风尚”（Rockabillies）。普莱斯利和迪恩本人虽然不是十几岁的年纪，但是他们仍是当时时尚潮流的焦点人物，他们的追随者几乎全部都是十几岁的青少年。由于这个莫大层面人口的增加，逐渐形成了不容忽视的消费者群。几乎一夜之间“年轻”这个词成了展现自我个性的关键词。以前界限分明的各种文化其界限逐渐变得模糊不清，全部都被这种年轻人的文化所取代。以往不同的民族、地域、背景甚至人种间都会形成文化间的隔阂，但在这个新的青少年层面里唯一的隔阂只是年龄。这种乡村摇滚风的亚文化现象也是青少年层面时髦风尚的一个代表，服饰中保留了很多南部白种人绅士的传统装束，典型特征为白色或柔和色调的服装面料并且有丰富的装饰。比如，使用刺绣、镶边、滚边等工艺作为装饰，服装色彩上经常选择带有强烈对比的颜色并且经常穿夸张领型的衬衫并将大大的领子翻在西装的驳头外面。一般选择裤腿较肥的西裤款式，同时会搭配色彩鲜明的皮鞋（图5–28）。

图5–28 1950年乡村摇滚造型

三、1960～1970年代

（一）迷你裙和未来主义

图5–29　法国设计师米歇尔·罗西尔（Michele Rosier）设计的迷你裙

一提起20世纪60年代的女装，最先就会想到迷你裙。这是当时年轻女性最时髦的服装，当时的迷你裙大部分是连衣裙的款式，廓型呈“A”字形，长度及膝，造型非常的简洁、活泼。同时，在迷你裙上往往有不同色块的拼接或色彩鲜明的图案做装饰。由于裙长及膝，所以穿着时一般搭配靴子和手袋（图5–29）。

20世纪60年代也是人类空间探索的十年，人们想象着未来会是什么样子，未来主义成为时尚潮流的主题。最为代表的设计师就是皮尔·卡丹（Pierre Cardin），他在1964年设计了太空主题的女装系列。这种趋势一直延续到了20世纪70年代，帕科·拉班尼（Paco Rabanne）、鲁迪·格恩瑞（Rudi Gernreich）也都是未来主义的代表。未来主义的女装多采用金属或闪亮的布料以及合成织物，如透明彩色塑料、PVC、乙烯基和丙烯酸。服装廓型也以简单的几何形状为主，“A”字形廓型、超短裙、中性风格和明亮的颜色也是未来主义风格重要特征（图5–30）。

20世纪60～70年代的时尚潮流很大程度上受到了安德烈·库雷热（Andre Courreges）、皮尔·卡丹等这些未来主义设计师的影响，出现了女装的中性化倾向，女性此时开始流行穿着裤装。同时，随着女性解放运动，女性越来越多地参与到社会劳动中来，再次推动了女装男性化的进程。法国设计师伊夫·圣·洛朗（Yves Saint Laurent）在其女装设计中大量融入了男装元素，在1966年设计了时髦的女性燕尾服。这种中性化的女性形象逐渐被大众接受，裤子甚至成了裙子的替代品（图5–31）。另外，街头文化也带动了褪色的牛仔裤的流行，迪斯科舞厅的出现使宽大喇叭裤开始流行。

第一次世界大战后，最为常见的男装就是面料厚重且宽松的双排扣西服。但到了20世纪60年代，不仅女性的形象发生了革命性的变革，随着流行文化对音乐和时尚的影响，男装也出现了全新的风格。能彰显男性身材苗条的单排扣夹克和更合体的裤子成了男性的新形象，西服衣领越来越大，领带也越来越宽。

图5-30　1967年皮尔·卡丹设计的女装

图5-31　1965年的女裤

（二）摩兹风尚（Mods）

20世纪60年代，这个阶段在西方被喻为是反文化（Counter culture）的年代。其特质是将年轻文化（Youth culture）、大众文化（Pop culture）、性自由（Sexual Freedom）、女权运动（The movement of women's right）四者相互融合。这些不同的年轻亚文化团体，也分别将他们的人生价值理念着实地表现在他们的服饰之中，也就是透过服饰的穿着来象征他们所处的团体。20世纪50年代末至60年代初，英国的年轻人流行文化受到多重文化的影响，而最大的影响则来自美国。比如，20世纪50年代美国的摇滚乐盛行以及泰迪男孩文化的影响。自主性极高的英国年轻人逐渐将这些亚文化风格发展成本土流行文化。这种在英国伦敦出现的新亚文化现象就是摩兹文化（Mods）。摩兹文化在20世纪60年代早期到中期最为盛行，20世纪70年代后期在英国又有一次复归，而到了20世纪80年代早期，北美的加州也掀起了一阵摩兹的流行之风。

由于处于战后年代，生活在伦敦中心地区和北部新城镇的年轻人有了更多的闲钱去买衣服。这直接导致了伦敦服装店的盛行。一些设计师也因此名声大噪，比如玛丽·奎恩特（Mary Quant）。对时尚的热爱也表达了摩兹族们要从无聊乏味的日常生活解脱出来的愿望，但他们的消费力又是理性的，多选择意大利或法国剪裁的服饰。例如，定制的套装、马海毛服饰、窄领带、系到最上一颗扣的衬衫、羊毛V领毛衣、皮鞋，这和乡村摇滚风格的造型形成鲜明对比。发型上则模仿当时法国影星保罗·贝尔蒙（Jean-Paul Belmond）。

摩兹族的平均年龄在20岁左右，他们有自己的发型、服装、配件，还有极具代表性的标靶圆心符号作为标识。这时英国的年轻人也有着崇尚国外货的情结，他们模仿法国明星的发型，穿着意大利进口的西装、皮鞋、靴子，再套上美国的军用大衣。摩兹族最流行骑着意大利威士牌（Vespa）的小型摩托车、蓝美达（Lambretta）摩托车作为代步工具。同时，这些车上都有数不尽的改装套件，这也是摩兹风格典型的表现。年轻的摩兹们都把车打扮得非常华丽、非常亮眼，时而一群车在繁忙的街道上穿梭前进、呼啸而过，引起路人的注视，所以他们被英国人称为“Modern Cultures”简称“Mods”。

英国当时最流行法国电影，所以摩兹族的年轻人们为了模仿并追上潮流纷纷留起法式发型，而身上穿的是剪裁极佳且时尚的意大利西装及不打褶且改短成七分长的西裤，针织领带和手工制的鞋子也是造型必备的元素（图5-32）。摩兹族们相当注意细节，裤子的长度还有外套侧孔等小细节都必须分毫不差。但是骑车时产生了问题，就是该如何保护他们的西装。由于第二次世界大战时英美是盟军，在英国可以很容易买到美军二手军装。摩兹族们为了骑车或修车时，不让污渍沾染里面昂贵的西装，而穿上美军大衣，之后年轻人们便争相模仿，这种美式大衣也就成了摩兹的典型服饰。最流行的款式是美军的Fish-tail M-51（鱼尾式军用外套）与Parka M-65（派克大衣）这两种型号的外套（图5-33、图5-34）。

图5-32 20世纪60年代英国的僵尸乐队（The Zombies）组合

图5-33 穿着派克大衣的摩兹青年

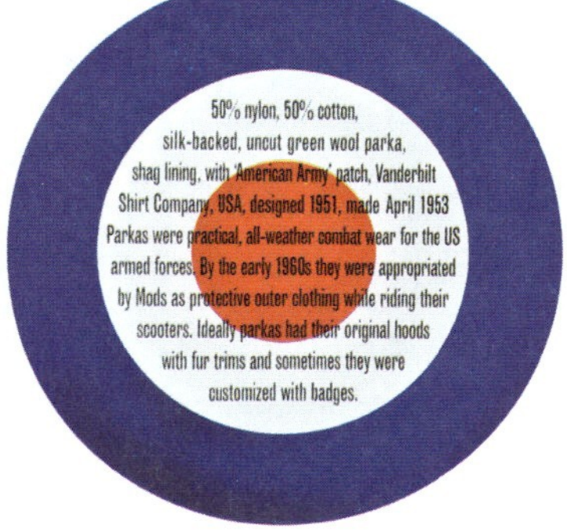

图5-34 摩兹族标志

更有很多男性摩兹族跨越性别的偏见使用眼影、眼线笔、唇膏。女性摩兹反而打扮都偏为中性，短头发、穿男款裤子和衬衫（就像现在流行的boyfriend style）、平底鞋、化淡妆（只是简单的粉底，喜欢用棕色眼影）。而20世纪60年代最时髦的迷你裙也是摩兹女孩的最爱。当时的超模崔姬（Twiggy）把这种“Mods look”带到了高级时装界，从而影响了世界范围的时尚。

从1970年到现在，摩兹族的着装风格反复出现在街头时尚的舞台上，现在很多的年轻人依然模仿着他们的打扮。

（三）洛可帮风尚（Rockers）

洛可帮风尚（Rockers）是20世纪60年代流行的以机车文化为主的亚文化流派，主要元素是英国的摩托车文化和摇滚乐（这里要和美国的哈雷摩托文化区分开）。因此，这种文化和摩托车的普及有很大关系。第二次世界大战后期，摩托车在英国社会仍享有一个很荣耀的地位。人们把摩托车与很积极的形象、财富、光辉联系在一起，但从20世纪50年代开始，中产阶级有能力买得起汽车，摩托车从此成了穷人的交通工具。另外，洛可帮出现的因素还有以下几种：英国战后物资定额配给的终止；年轻工人阶级数量的增长；贷款对年轻人的开放；美国流行音乐和电影的影响，英国城市建造的环行路增多，意味着飙车的赛道也多；路边小咖啡店的兴起。这些因素都使英国成为机车文化的重镇。

洛可帮的时尚更倾向于实用性，如铆钉装饰的机车皮夹克、骑车时不戴头盔或将头盔盖打开、保护眼睛的护目镜、保护颈部的白丝巾、舒服的T恤、皮质的帽子、李维斯（Levi’s）或威格（Wrangler）的牛仔裤、皮裤、鞋，多选择高帮李维斯机车靴或泰迪男孩喜欢穿的厚底鞋（Brothel Creepers），发型则模仿他们喜欢的摇滚明星，梳些夸张的背头式发型。

1964年5月18日，几乎所有英国报纸的头条都刊登了这样一幅照片：在英国布莱顿，一大群的摩兹少年正抡起折叠椅威胁两个孤立无援的洛可帮少年跳到向下近5m的海里。照片里的摩兹少年们穿着休闲外套，戴着墨镜，而洛可帮少年则穿着带有着铅质铆钉和纪念章的黑色皮夹克和鞋头尖得像刀锋一样的靴子。像这样不同亚文化群年轻人之间的暴力事件，被媒体大规模报道还是非常少有的。这一事件在街头时尚与青年人文化的历史中占有很重要的位置。在数年后，人们称其为“街头风格之战”的第一炮。1964年摩兹族与洛可帮之间的冲突，完全是由于双方对于穿着风格方式问题上存在的分歧所引起的。从表面上看，这可能只是年轻人之间不同的穿着喜好之争，其实这一事件足以让我们改变对街头风格的看法。那就是在我们现在所处的时代，街头的风格除了其表面的装饰意味外，更能表达年轻人深远复杂的心理甚至信仰。所以发生在英国布莱顿的这次事件，表面上只是着装风格之争，但实际上反映出不同的社会背景以及文化对于年轻人的影响，这一事件的本质其实是不同等级阶层间的一场纷争。但是这场带有政治色彩的斗争完全转化到了年轻人的着装理念中，已经完全转变成了“蓝色”与“白色”之争，或者是“带有污渍的旧皮夹克、牛仔裤”与“休闲服和笔直整洁西服套装”的斗争。关于这两种不同风格装束的话题还不止于此，洛可帮健壮的形象与摩兹族柔弱的形象，从另一个角度诠释着对“男子气”的理解。穿着干净整洁套装的摩兹形象，很适合一些上班族来穿着，所以很快被社会所接受，很容易地融入社会中来。相反，洛可帮的造型显得过于粗野，因此被社会所排斥，成了一些社会边缘人的象征（图5-35～图5-37）。

图5-35 20世纪60年代英国洛克帮

图5-36 1988年约翰·里士满（John Richmond）设计的洛克帮风格皮衣

图5-37 洛克帮皮衣上的装饰

（四）摇摆伦敦、迷幻音乐风尚（Swinging London & The Psychedelics）

20世纪60年代中期的伦敦是街头流行文化的聚集地，在市中心的皮卡迪利广场（Piccadilly Circus）附近，有一条卡纳比街（Carnaby Street，伦敦20世纪60年代以出售时装著名的街道）。这是一条以年轻人时尚而出名的街道，是当时迷你裙、迷幻药以及其他20

世纪60年代著名时尚产物的发源地。这条号称全伦敦最不羁、最邋遢的街道却是一个活生生的“街头文化”博物馆，是当时年轻人的时尚文化圣地，也有人称这里为“摇摆伦敦”（Swinging London）。在这条街上，在古老的报亭前、在古老的裁缝店里、在路边的小咖啡馆里永远聚集着穿着另类的年轻人，这条古老街道逐渐成了西方世界流行文化的中心。这条街上出售年轻人服饰的新店越开越多，出售着各种各样新奇的时尚商品。这些服饰商品大多有着一个共同的特点，就是它们都有着鲜艳而夺目的色彩。比如，有着平时无法想象鲜艳色彩的太阳镜、带有“波普”抽象图案装饰繁复的服饰。最具代表性的就是类似军装制服款式的服装，这些服装全部使用色彩鲜艳的丝缎或花缎作为服装的面料，同时还在上边排列装饰了闪光的各色扣子（图5-38、图5-39）。这种式样的服饰也是“摇摆伦敦”最明显的特征。摇摆伦敦一族的年轻人们喜欢装饰繁复的服装。当时，无论在卡纳比街（Carnaby Street）还是在皇帝大道（King Road）都能看到成群的身着装饰华丽、色彩鲜艳服饰的年轻人（图5-40）。在这些年轻人的审美意识中，充满了强烈的“自恋”情结，不但女性有着强烈的自恋倾向，男性也有同样的审美观念。这样的着装式样甚至成了暗示着“同

图5-38　20世纪60年代摇摆伦敦造型

图5-39　1967年伦敦卡纳比大街上的年轻人

图5-40　伦敦摇滚造型年轻人

性恋”倾向的服装。从此，中性服装（Unisex）意识的革命开始席卷整个世界流行时尚。

1966年左右，摇摆伦敦为流行文化带来了一次狂潮。到处都被令人目眩的“波普流行艺术”、强烈的色调和花俏刺目、绚丽多彩的服饰所充斥。这一场景似乎把人们带入幻觉的世界，似乎眼前的五彩斑斓的景象完全是幻觉。因此，“迷幻”（Psychedelics）一词开始流行。1964年夏天，美国著名小说家肯·凯西（Ken Kesey）和他的团队，开着一辆命名为“向前”（Further）号且车身涂满了绚丽色彩和波谱图案的校车，满载着一伙自称为“快活的恶作剧者”（Merry Pranksters）的青年男女从加利福尼亚州出发，横跨美国大陆，到达纽约世界贸易大厦，然后又返回。由此，所谓的“迷幻革命”开始。在20世纪60年代后期“迷幻风格”逐渐演化成了“嬉皮风格”。

（五）嬉皮士风尚（Hippies）

20世纪60年代是美国自第二次世界大战以来最为特殊的历史时期，源于物质生活的极大丰富和传统信仰的缺失。那时，年轻人的迷惘和其与日俱增的社会责任感产生了激烈的碰撞，在摇滚乐的催化下，年轻人开始融合在这个矛盾中并最终形成了那个时代最具代表性的亚文化现象，即嬉皮运动。60年代的精神是叛逆的，文化是叛逆的，生活也是叛逆的。在60年代的西方，这些被称为“嬉皮士”（Hippie）的年轻人蔑视传统、废弃道德，有意识地远离主流社会，以一种不能融于主流社会的独特生活方式来表达他们对现实社会的叛逆。在20世纪60年代，一个男人要是留着长发就意味着他受到了“启蒙”，要转向自由思考的方式并表明他是一个嬉皮士。

与其他亚文化群一样，嬉皮文化也形成了一套自己的时尚语言风格。他们的发型、服饰、话语都带有鲜明的辨识度。嬉皮风格的服饰都有着浓重的色彩，从这一点就可以看出嬉皮是从“迷幻风格”演化来的。嬉皮士的典型装束是将衣服剪破、长裤剪成短裤、长袖剪成短袖、红红绿绿地披挂一身。他们还喜爱自然朴素的破旧牛仔裤，光着脚或穿人字夹脚凉鞋，把牛仔服袖口、口袋、裤脚口拆成纤维流苏状，在衣服的胸前背后装饰流苏饰边。服装喜欢使用扎染、蜡染面料以及用手绘花朵图案以及手工绣花来做装饰。除了牛仔裤之外，带有神秘主义色彩的东方服饰也是嬉皮士的最爱（图5-41、图5-42）。20世纪60年代，旧金山成为嬉皮士大本营，生活于旧金山的嬉皮士引领了西方社会嬉皮士的服饰潮流。在旧金山，嬉皮士是融合东方哲学、不抵抗主义、诗歌、摇滚乐和迷幻剂的群体。对东方哲学的热衷，对印度“圣雄”甘地的不抵抗运动主义的崇拜和对摇滚乐、迷幻剂的迷恋，使东方的干酪包布、彩色念珠、土耳其长袍、喇叭长裤成了嬉皮士的服饰标志。因此，当时嬉皮士最时髦的装束就是五颜六色的土耳其长袍、阿富汗外套、寓意“爱与和平”的印花图案及和平象征物与喇叭形牛仔裤、色彩缤纷的念珠相搭配，再加上必不可少的飘逸长发。

1969年8月15～17日，在距离纽约市西北70km的贝瑟尔镇的迈克斯·亚斯格牧场举行

图5-41 1971年皮卡迪利广场上的嬉皮士

图5-42 1966年亚麻印花嬉皮风格套装

了一场史无前例的音乐盛会，这次盛会的名字就是“伍德斯托克音乐节”。这次由四个背景各异的小伙子发起的音乐盛会，主题是“和平与博爱”。“伍德斯托克音乐节”代表了嬉皮运动的巅峰时期。这是一次盛况空前的音乐节，来参加音乐节的年轻人将近45万人，是嬉皮运动史上规模最大的一次音乐节。这些嬉皮士们长发束带，穿着粗布蜡染衬衫、印染工装裤或喇叭裤，发疯般地随着震耳欲聋的音乐摇晃，他们一边吸食毒品一边跟随音乐疯狂跳舞。伍德斯托克音乐节精神影响了整个20世纪60～70年代的年轻人（图5-43、图5-44）。

（六）光头党、平头少年风尚（Skinheads）

20世纪60年代中期开始，摩兹文化开始受到了威胁，突然之间出现了很多的摩兹的模仿者，街头充斥着类似摩兹族的打扮。摩兹文化进入了所谓的“硬派摩兹”（Hard Mods）时代。像迷幻风尚和嬉皮风尚一样，最初的摩兹风尚中的中产阶级的年轻人占了主导地位。这些“硬派摩兹”与最初的摩兹族不同，他们大多来自劳动阶层。因此，这些来自劳动阶层的“硬派摩兹”，完全不接受原来摩兹族的形象，随后就逐渐发展成了一种新的亚文化现象，即平头少年（Skinheads）风格。这些年轻人拒绝流行时髦的音乐，追求不加装饰的牙买加传统斯卡音乐（SKA）、布鲁斯、摇摆乐的新式节奏。在这一过程中，这些年轻人逐渐形成了一种新的劳动阶级时髦形象。他们戴着太阳镜、穿着整洁干净的双件套西装还有白色的袜子、没有一点污渍的黑色靴子、黑色长款外套，最重要的特点就是他们都剃着光头。

图5-43 1993年D&G春/夏系列嬉皮风格女装

图5-44 1993年D&G嬉皮风格女装细节

随后“光头党、平头少年”的装束有了新的发展。他们的头发通常只留半寸长，不完全剃光。这一发型具有实际的好处，就是在斗殴中不会被别人揪扯。“平头少年”们喜欢穿着T恤、弗雷德·派瑞斯和本·歇曼的衬衣，李维斯牌的牛仔、有背带的斯沃特休闲裤以及在工作或“争执”中不易被扯破的黑色毛质夹克。在马丁靴与牛仔裤成为蓝领阶级的主要穿着以后，他们又改穿配有丝绸手帕、丝绸领带或领结的考究外套（图5-45～图5-47）。

到20世纪70年代，“光头党、平头少年”的造型也更趋多元化，高帮皮靴、紧身牛仔裤、飞行员夹克和T恤，尤其对于品牌的热衷也更系统化。男性光头党的发型经常是近似于光头，胡子经过精心修剪。女性光头党的发型在早期接近摩兹，但后期更接近于朋克，有时甚至只是前面留一小撮。长袖、短袖的衬衫或POLO衫、“V”领套头毛衣、羊毛开衫、印有光头党文化相关的图片或标语的T恤。他们还钟爱阿尔法（Alpha）战机的MA-1款飞行员外套，颜色通常是黑色或军绿色。传统的光头党也会选择西服套装，女光头党还会选择短机车夹克来搭配短裙。裤子则基本上是李维斯、Lee、威格的牛仔裤，通常会挽裤脚以突出脚上的靴子和袜子。鞋子是马汀博士皮靴（Dr. Martens）、索洛沃（Solovair）牌的靴子或阿迪达斯（Adidas）足球鞋。

图5-45 1968年平头少年

图5-46 1971年牛仔装扮

图5-47 平头少年装束

第三节 20世纪后期服饰

一、1970~1980年代

（一）民族风格与日本设计师

20世纪70年代迷你短裙被长款的“A”字形连衣裙所取代。女性裙装回归到了维多利亚时代的服装长度，服饰面料充满了各种花卉图案以及佩斯利印花图案，面料色彩柔和。在这十年里，年轻女性受到嬉皮士“拥抱和平、爱和自由”意识的影响，着装风格开始崇尚自然，女性形象趋向浪漫、怀旧。在服装款式和面料纹样中凸显了非西方文化的民族风格，许多女性选择扎染或带有花卉图案的服饰。同时，服饰上往往装饰着珠片和流苏，头巾也是当时非常流行的配饰。

20世纪70年代日本设计师给西方时尚界带来一股东方潮流。这些日本设计师带有东方元素的设计打破传统的西方服饰的结构观念，将二维的设计理念融入西方服装的三维结构中。日本设计师高田贤三（Kenzo）1970年在巴黎创立了自己的品牌，其设计作品融入了大量的民族元素，将各种民族风格的图案与西式的服装款式相结合，形成了独树一帜的品牌风格。1971年三宅一生（Issey Miyake）在纽约和东京发布了他的第一次时装展示，并获得了成功（图5-48）。1981年日本设计师川久保玲（ReiKawakubo）和山本耀司（Yohji Yamamoto）带有东方解构主义的设计作品震惊了巴黎时装周，他们的设计主要以黑色为主，同时忽略了性别的界限并在服装结构上突破了传统的结构理念（图5-49～图5-51）。这种新的解构主义的服装理念对西方的时尚界产生了深远的影响。

图5-48 三宅一生作品，1995年

（二）格兰姆风尚（Glam）

20世纪60年代末至70年代初，世界正处于文化与政治的巨大动荡中，嬉皮文化开始走向衰落。在朋克文化出现之前，另一种非主流的文化形式出现，这种新的亚文化被称为“华丽摇滚风尚”或“格兰姆风尚”（Glam）。这种亚文化源自于一种新兴的音乐形式，即“华丽摇滚”。格兰姆（Glam）一词来自glamour，原意是指魔法与魅力。华丽摇滚是硬摇滚的一个分支，它产生于70年代的英国，其特点是性别模糊的装扮，华丽戏剧化的台风和颓废慵懒的音乐风格。

华丽摇滚真正对时尚界产生影响，还是始于1973年大卫·鲍维尔（David Bowie）的爆

图5-49 川久保玲婚纱作品，1990年

图5-50 川久保玲女装作品，1994年

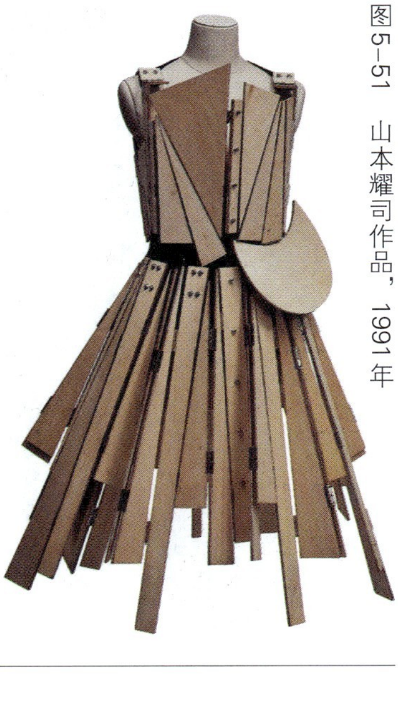
图5-51 山本耀司作品，1991年

红。他极具代表性的化妆和造型成了华丽摇滚风格的典型代表（图5-52）。比如，修身长裤、燕尾服式的外套、带荷叶边的袖子等。鲍维尔的中性装扮和歌词中浓郁的奇幻氛围在青少年中迅速流行。受到鲍威尔装束的影响，格兰姆风格的年轻人们的打扮非常香艳妩媚，他们穿着装饰有闪石、亮片的丝绸华丽服饰（图5-53）。比如，丝绸衬衫布满闪亮的装饰或者意大利的紧身丝绸裤和黑色领巾以及黑色皮大衣。为配合这种服装他们会穿上厚底的平底鞋，最厚的鞋底可达6cm，鞋跟则高达15cm。他们所穿着的服装面料也多种多样，色彩丰富鲜艳，还经常采用蛇皮来制作，以达到炫目效果。为了创造惊奇的视觉效果，甚至搭配妖艳露骨的豹纹外套、披着羽毛披肩。

图5-52　1973年大卫·鲍威尔专辑封面

而这种昙花一现的亚文化风格只维持了10年左右的时间就被更温和、更平民化的“新浪漫主义风格”（New Romantic）风格所取代。但格兰姆风格对于时装界的影响却绝非仅仅10年。直到20世纪90年代和21世纪初，一些时装设计师仍然受到这种亚文化风格的影响，在自己的设计中吸收了大量华丽摇滚元素。比如，亚历山大·麦克奎恩（Alexander McQueen）和詹尼·范思哲（Gianni Versace）（图5-54）。

图5-53　1987年的格兰姆青年

图5-54　1990年范思哲设计的格兰姆风格女装

（三）朋克风尚（Punk）

第二次世界大战后的英国，经济萧条、失业率高增，社会面临着经济危机，青少年对现实社会产生了强烈不满甚至绝望的心情。20世纪70年代中期，在经济不景气和特殊的社会政治背景下的英国社会下层青年人中间，产生了由失业者和辍学的学生组成的反传统主义的"工人阶级亚文化"群体，这就是所谓的"朋克"（Punk）。他们用自己特立独行的装束风格彰显自己，表明其与主流文化及其他的青年亚文化圈的不同。他们拒绝权威，提倡消除阶级，崇尚"性和颠覆"，其影响更是一种对时尚和时髦的抗拒和反叛，由此产生了一种服装的流行风格，即朋克风格（Punk Style）（图5-55）。

朋克亚文化是从平头少年派生出来的，后来逐渐成了英国最具影响力的亚文化现象，朋克一族年轻人的服饰也有着鲜明的特征和辨识度。他们常常穿着磨出窟窿、画满骷髅和美女的牛仔装；男性朋克留着"莫希干"发型，女性朋克则把头发剃光，露出青色的头皮，并在脸部上穿洞挂环；身上涂满靛蓝的荧光粉；涂黑眼圈，画猫眼妆、烟熏妆，暗色调的口红；在耳朵、鼻子、脸颊和嘴唇等部位用安全别针和撞钉穿孔，在身上绘制文身。有些社会学者认为朋克文化的渊源在于"服装的语言"。当时一些杂志上这样描述朋克们的装束："短发和令人吃惊的非自然色的头发颜色，他们的头发常常是非常暗淡的黄色，有时也有红色、绿色、橙色或淡紫色。有雀斑的苍白面孔，乌黑的眼圈和厚厚的唇膏，衣着上以红黑白为最主要的颜色。"同时，朋克们对服装上的装饰和服饰配件也非常重视。比如，喜穿黑色的皮夹克与缝有金属纽扣和多余拉链的牛仔裤，T恤上常印着粗俗的字眼、暴力或色情的图案，故意撕破或弄脏的、带着特大号安全别针的衣服，暴露出来的暗淡不健康的皮肤通常还有擦伤与抓痕。他们最爱的饰物是狗或自行车的链条，可以绕于颈上或系在腿上。女性朋克也是类似的装束，出现了短裤、一边撕开的裙子、紧身羊毛衫和高跟凉鞋的组合。发型是朋克造型的焦点之一，他们把头发尽可能地弄得很高，染着各式各样的颜色，像莫希干人（北美印第安人的一个分支）的发型（图5-56～图5-58）。

图5-55 1982年朋克男青年

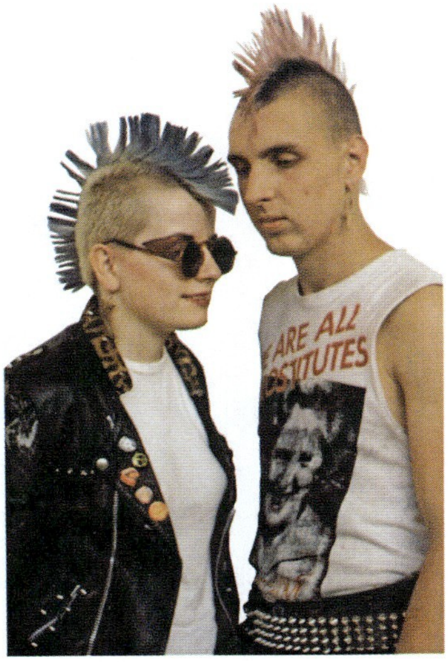

图5-56 朋克造型

图5-57 20世纪80年代的伦敦朋克

图5-58 1980年伦敦国王大道上的女朋克

提到英国朋克，就不能不谈到有“英国朋克之父”之称的马尔科姆·麦克拉伦（Malcolm Mclaren）。马尔科姆·麦克拉伦在1975年组建了“性手枪”乐队（The Sex Pistols），此乐队是英国朋克革命的急先锋。马尔科姆·麦克拉伦和他的女友维维安·韦斯特伍德（Vivienne Westwood）在伦敦还经营一家名为“性”的精品店。他们粉碎了当时的审美观念，提出“冲突打扮”（Confrontion Dressing）的理念，将旧衣服重新穿上，运用撕裂拉扯的破碎效果，别上许多别针，最后再搭配一顶优雅的黑色绅士帽。如此矛盾与不协调，却反而让人感觉创意十足，当然也带动了伦敦街头的流行文化（图5-59）。在1974年，伦敦的切西区成立了一家专卖20世纪50年代服装的名为“摇起来”的商店，店主就是马尔科姆·麦克拉伦。维维安·韦斯特伍德使朋克风格成为继嬉皮之后的又一个有名的流行亚文化，也使伦敦的国王路（King Road）成为世界著名的朋克风景线。许多人将维维安·韦斯特伍德对时装界的贡献总结为：将地下和街头时尚变成大众流行风潮。维维安·韦斯特伍德设计的所有服装都彰显着浓郁、纯正的英伦朋克风格。她最初的“奴役”（Bondage）系列服装，将施虐与受虐用具运用到服装中。她还一直竭力支持街头文化，在改革服装领域一直走在前列，譬如1981年设计的“海盗系列”，便预示了新浪漫主义服饰的来临。同时代还有一位名叫赞德拉·罗德斯（Zandra Rhodes）的英国女性服装设计师对朋克服装进行了

图5-59 2010年韦斯特伍德女装作品

改良，并吸取了朋克风格的一些元素运用在她的服装设计中。通过运用一些明亮的颜色，使朋克风格呈现出精致而且优雅的风格，更多地得到富人和名人的接受与认同。她用金质的安全别针和金链子连接和装饰服装的边缘和一些局部故意撕裂的破洞，再在这些精心撕裂的破洞边缘用金线缝制，装饰上精美的刺绣。1994年范思哲设计的高级女装作品中也融入了朋克风格的设计元素（图5-60）。同时，朋克亚文化一直影响着时尚界。2001年法国巴黎春夏时装周，约翰·加利亚诺（John Galliano）为迪奥品牌设计的春夏系列中就将朋克风格和高级时装相结合来进行设计（图5-60）。

图5-60 1994年范思哲女装作品

二、1980～1990年代

（一）健身热潮和运动装

时尚历史学家认为，20世纪80年代是现代服装发展的顶峰。随着越来越多的女性进入传统以男性为主导的工作环境，女性地位逐渐提高，女性变得越来越独立。因此，在80年代出现了带有男性意味的女装廓型。比如，有厚垫肩的西装，夸张大胆的配饰，尖头高跟鞋。

20世纪80年代的健身热潮是运动服装融入时尚的催化剂。随着越来越多的女性穿上健美短裤、紧身衣和绑腿参加健美操课或锻炼，健身中心变成了一个社交场合，运动服变得时髦起来（图5-61）。同时，设计师们也尝试各种新型面料。1980年，美国设计师诺玛·卡玛丽（Norma Kamali）创作了一套完全用灰色羊毛制成的运动衫。1984年，美国设计师唐娜·卡兰（Donna Karan）设计了弹力紧身衣。艾泽丁·阿拉亚（Azzedine Alaïa）设计了莱卡服装，他为时尚界带来了一场时髦革命。除了强调身体意识的趋势之外，其他运动服装风格也在这十年里渗透到了时尚界。足球运动员和篮球运动员式样休闲装的潮流，也使得运动装备尤其是运动鞋变得极为流行。

图5-61 1985年运动女装

20世纪70年代开始反时尚的街头亚文化现象越来越多地影响到了主流的时尚设计界，很多设计师都借鉴了街头服饰的元素来进行设计。这就导致了20世纪80年代更加重视设计师的个性化特征。逐渐地，一些设计师的名字成了代表他们标志性风格的同义词。比如，意大利设计师詹尼·范思哲、法国设计师克里斯蒂安·拉克鲁瓦（Christian Lacroix）、让·保罗·高迪埃（Jean Paul Gaultier）、卡尔·拉格斐尔德（Karl Lagerfeld）。这些极具才华的设计师对时尚潮流的影响一直延续至今（图5–62、图5–63）。

图5–62 1987年让·保罗·高迪埃女装作品

图5–63 2000年卡尔·拉格斐尔德女装作品

（二）哥特风尚（Goths）

进入20世纪80年代，一些流行音乐人、设计师、视频制作者、摄影师经常从街头亚文化中汲取灵感。时尚业界对于街头亚文化元素的借鉴，逐渐使街头服饰的意义发生了改变。基于这样的背景，20世纪80年代萌生出了一个新的亚文化群体。这个新的亚文化群体以黑色为基调，服饰风格逐渐向着阴郁的方向发展。这些年轻人，崇尚朋克的虚无主义和新浪漫主义的奢华，他们觉得自己是存在于黑暗中不死的灵魂，他们强调黑暗带有阴郁气质的服装造型，这个新生的年轻人群体就是“哥特风尚”（Gothic）。

这种亚文化最初出现的地点同新浪漫主义风尚出现的地点一样，就是伦敦名为“巴特卡夫”（Batcave）的夜店里。新浪漫主义风格的年轻人曾经在这里举办的名为“鲍伊之夜”（Bowie Night）的大派对中第一次被关注，1981年又在这里出现了哥特风尚。

其实“哥特式”是文艺复兴时期意大利人对中世纪建筑等美术样式的贬称，含有“野蛮”的意思，语源则来自于日耳曼的哥特族。在13～15世纪这个词则被用来形容那个时期的欧洲服饰风格。20世纪80年代出现的“哥特”风格在造型上与传统的欧洲哥特服饰有着很大差异。

哥特风格最典型的特征就是中性化的暗色系服装以及浓烈色彩的化妆。哥特风格的年轻人经常穿着黑色或者暗色系的服装，佩戴着各种宗教饰物，服装中充满了蕾丝和网状装饰物。同时，服装中还大量使用皮革以及系得很紧的蕾丝紧身胸衣和带有别针的极高的高跟鞋。头发则是在黑发上加一点漂白过的极浅的金发、红发或紫发。化妆则是以黑白色系为主，白色粉底、黑唇膏、黑眼影、细眉。他们的脸经常被涂得非常苍白并搭配深红色和紫色的眼影，嘴唇上使用像血液一样的红色或黑色唇膏。哥特风格的年轻人非常抵触20世纪80年代最流行的沙滩文化“太阳晒出的古铜色才是美的”的健康理论，他们崇尚“苍白的皮肤是贵族的标志”的审美观点。他们还常佩戴着宗教风格的银质首饰以及领带或带钉子的项圈甚至紧紧系在脖子上的丝绒绳。T形十字章（古埃及关于永恒生命的标志）、五角星（这是异教徒关于火、土地、空气、水、灵魂的符号）、十字架（基督教的象征）还有歌剧风格的披肩、斗篷和长手套也是他们的最爱（图5-64、图5-65）。

图5-64 巴特卡夫俱乐部门口的哥特族

哥特亚文化对时尚界的影响一直持续到21世纪，2003年秋/冬时装周上，汤姆·福特（Tom Ford）将哥特元素融入古驰（Gucci）品牌的女装设计中。这场发布会上模特们在脖子上挂起黑色十字架、穿上黑色束腰缎子大衣、黑色斜裁长袍、扎上黑色宽领带，展示出了优雅而又性感的带有哥特风格的高级女装。美国设计师拉尔夫·劳伦（Ralph Lauren）的女装发布会中也充斥着哥特元素，模特们身着长长的牧师披风、拖地鱼尾裙，系在脖子上的黑色丝带映衬得肌肤如雪。

图5-65 1992年约翰·加利亚诺设计的女装

三、1990年代~21世纪

从20世纪90年代开始，随着人们生活方式以及生活理念的变化，上班族成了社会新生的主力军。一些服装设计师开始着手为上班族设计出一种低调的兼备时尚性与实用性的服装。比如，卡尔文·克莱恩（Calvin Klein）、乔治·阿玛尼（Giorgio Armani）等。

20世纪90年代开始，之前流行的带有夸张轮廓以及鲜艳颜色的服装逐渐退出时尚舞台，新兴的简约化的前卫时尚理念逐渐形成。时装设计师们开始减少服装夸张的外形，使用更朴素服装色彩。同时，随着日本前卫设计师在20世纪80年代为时尚界带来的新设计理念，在此时期涌现出了一批优秀的新锐设计师。他们将东西方不同的设计理念相结合形成一种新的解构主义设计风格。比如，马丁·玛吉拉（Maison Margiela）、侯赛因·卡拉扬（Hussein Chalayan）、亚历山大·麦克奎恩等（图5-66～图5-68）。

图5-66 马丁·玛吉拉作品

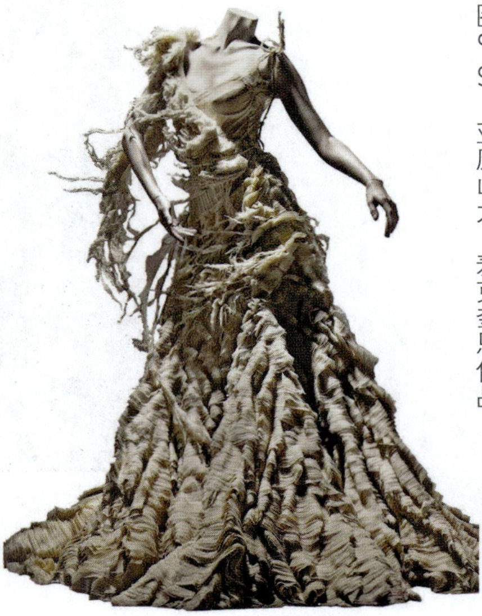
图5-67 亚历山大·麦克奎恩作品

图5-68 侯赛因·卡拉扬作品

近年来，为了满足消费者对越来越多样和个性化外观的渴望，时装业向着新方向发展。人们不再满足于来自巴黎、米兰和纽约的大品牌。女性们开始寻找新的途径来挖掘新的形象和个性化的原创设计。2009年左右的经济危机也给传统的高级时装业带来了冲击，人们不再认为穿着昂贵的服装和贴有身份标签的服饰是明智的。为了提供给消费者便宜且与时尚潮流一致的服饰，时尚产业中出现了新的快销方式的营销模式，随之出现了各种快销时尚品牌。比如，ZARA、H&M等。同时，随着多元化时尚趋势的发展，在21世纪的时装界也涌现出了很多杰出的华裔设计师和中国原创设计品牌。例如，王薇薇（Vera Wang）、王大仁（Alexander Wang）、王汁（Uma Wang）、例外（Exception）等。

思考题

1. 列举几位20世纪中西方杰出的设计师并概括其设计的风格特征。
2. 列举几种20世纪的街头服饰风格。

参考文献

[1] The Kyoto Costume Instiute. FASHION–A History from the 18th to the 20th [M]. TASCHEN, 2012.
[2] Valerie Cumming.The Dictionary of Fashion History [M]. Bloomsbury Academic, 2010.
[3] 宗凤英. 古玩收藏鉴赏全集：织绣 [M]. 长沙：湖南美术出版社，2012.
[4] 吴山. 中国历代服装、染织、刺绣辞典 [M]. 南京：江苏美术出版社，2011.

附录

附表1　20世纪服饰文化演进对应一览表

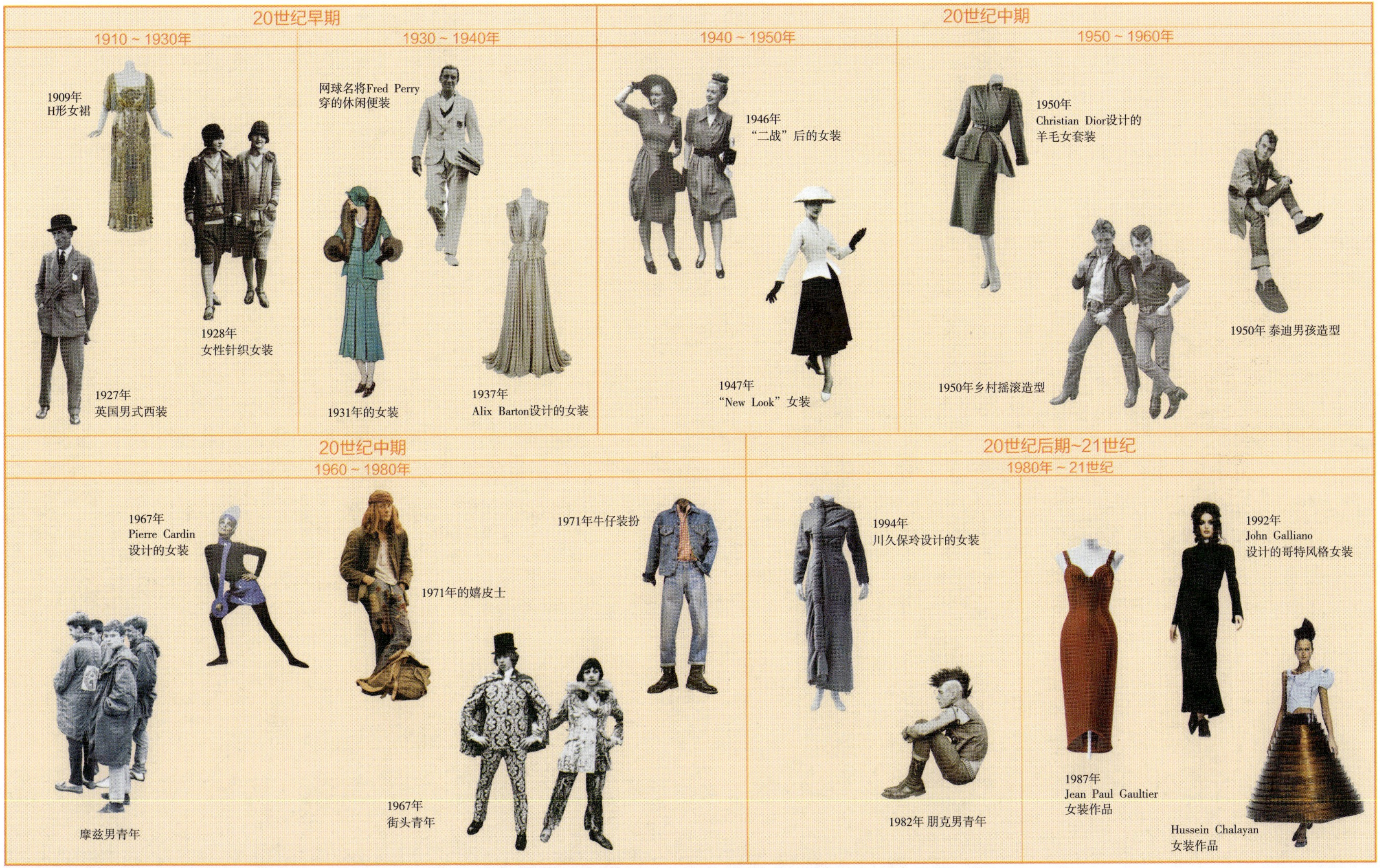
20世纪早期
1910～1930年
1909年
H形女裙
1927年
英国男式西装
1928年
女性针织女装
1930～1940年
网球名将Fred Perry
穿的休闲便装
1931年的女装
1937年
Alix Barton设计的女装
20世纪中期
1940～1950年
1946年
“二战”后的女装
1947年
“New Look”女装
1950～1960年
1950年
Christian Dior设计的
羊毛女套装
1950年乡村摇滚造型
1950年 泰迪男孩造型
20世纪中期
1960～1980年
1967年
Pierre Cardin
设计的女装
摩兹男青年
1971年的嬉皮士
1967年
街头青年
1971年牛仔装扮
20世纪后期~21世纪
1980年～21世纪
1994年
川久保玲设计的女装
1982年 朋克男青年
1987年
Jean Paul Gaultier
女装作品
1992年
John Galliano
设计的哥特风格女装
Hussein Chalayan
女装作品